W0045673

Benjamin Schulz, Brunello Gianella
Wenn Turnschuhe nichts bringen

Benjamin Schulz, Brunello Gianella

Wenn Turnschuhe
nichts bringen

Der CEO-Code für starke Führungskräfte

Frankfurter Allgemeine Buch

Bibliografische Information der Deutschen Nationalbibliothek
Die Deutsche Nationalbibliothek verzeichnet diese Publikation in der Deutschen
Nationalbibliografie; detaillierte bibliografische Daten sind im Internet über
http://dnb.d-nb.de abrufbar.

Frankfurter Allgemeine Buch

Copyright: FAZIT Communication GmbH
Frankfurter Allgemeine Buch, Frankenallee 71–81,
60327 Frankfurt am Main

Umschlag: © werdewelt GmbH
Covermotiv: Shutterstock | © sasha2109
Satz: Nina Hegemann
Druck: CPI books GmbH, Leck
Printed in Germany

1. Auflage, Frankfurt am Main 2019
ISBN 978-3-96251-058-9

Alle Rechte, auch die des auszugsweisen Nachdrucks, vorbehalten.

Inhalt

Sneakers machen Chefs auch nicht ehrlicher

Von Walter Kohl

Genau wie eine Schwalbe noch keinen Sommer macht, so machen ein Paar Turnschuhe aus einem Vorgesetzten noch lange keine wirksame Führungspersönlichkeit. Sicher, ein neuer Trend zu mehr Lässigkeit, zu weniger Konvention und mehr Gleichheit greift zunehmend um sich. Alles wird legerer, man ist schnell beim informellen „Du". Durch die sozialen Medien weiß jeder von jedem, wohin er in den Urlaub fährt, was er am Wochenende macht und in welchem Restaurant er was zu sich nimmt. Ist das der Beginn eines „Turnschuhzeitalters"? Die alten Umgangsformen gelten (scheinbar) nicht mehr, hinein in die neue, schöne, gelassenere Welt des entspannten Umganges miteinander – so ein erster Eindruck.

Wenn es doch nur so einfach wäre. Die neue soziale Transparenz, der damit verbundene Abbau formaler Hierarchien und der legere Umgang quer durch die Hierarchien stellen neue Herausforderungen an Führungskräfte, denn die klassischen Führungsaufgaben und Verantwortlichkeiten ändern sich nicht. Es ändert sich nur die Art und Weise, wie sie optimal umgesetzt werden können.

Je weniger hierarchischer Abstand besteht, je egalitärer sich eine (Unternehmens-)Kultur darstellt, desto mehr muss persönliche Autorität Grundlage gelungener Führung sein und desto weniger Platz ist für autoritäres Gehabe. Ob in Turnschuhen oder im Smoking, es geht um eine Art der Führung, die Mitarbeiter gerne annehmen, die respektiert wird. Es geht um Autorität versus autoritär, es geht mehr denn je um starke Führungspersönlichkeiten und nicht um dienstgrad- und hierarchiebezogene Vorgesetzte.

Ziel ist eine Führungskraft, die aufgrund ihrer Führungspersönlichkeit und ihrer persönlichen und fachlichen Qualitäten anerkannt wird, der gerne gefolgt wird. Es geht um eine Persönlichkeit, die den Spagat zwischen sozialer Nähe einerseits und Verantwortung und Entscheidungshoheit andererseits beherrscht. Es geht um Werte, Visionen und die Befähigung, diese glaubhaft – gerade auch in Krisen – vorzuleben. Vorgesetzter wird man durch Ernennung, zur Führungspersönlichkeit durch konstante Arbeit an sich selbst und Beharrlichkeit.

Aus eigener Erfahrung als Verantwortlicher in Großunternehmen und Unternehmer kenne ich die Hürde zwischen „zur Führungskraft ernannt werden" und „Führungspersönlichkeit sein". Dieser Weg ist lange und zugleich erfüllend, da er uns mit zentralen Fragen quer durch unsere unterschiedlichen Lebensrollen konfrontiert. Er konfrontiert uns mit uns selbst, mit unserem Sein, unserem Tun, unserem Fühlen, unseren Entscheidungen und mit unserem Selbstverständnis. Wer bin ich? Was will ich? Wofür will ich stehen und was will ich tun? Eines muss verstanden werden: Menschen sind emotionale Wesen – in allen Positionen und Hierarchien. Die Ratio dient lediglich den Emotionen. Eine authentische Persönlichkeit ist man erst, wenn man sich seiner Emotionen bewusst ist – auch seiner Ängste und Schwächen.

Es geht um Autorität. Doch wie entsteht Autorität? Kann man Autorität lernen wie eine Fremdsprache oder Fahrradfahren?

Genau darum geht es in dem Buch von Benjamin Schulz und Brunello Gianella. Es bietet Analyse, Spiegel und Lösungsvorschläge zugleich. Es nimmt die Leser mit auf eine Reise zu sich selbst, zu den Herausforderungen unserer Zeit, aber auch zu den Chancen, die sich daraus für Führungskräfte, die zu Führungspersönlichkeiten wachsen möchten, ergeben. Wo also anfangen?

Ein Vorschlag: „Erkenne dich selbst", diese in Stein gemeißelten Worte am Eingang des Apollon-Tempel in Delphi – über 2.000 Jahre alt – sind unverändert aktuell. Nur wer sich seines Selbst bewusst ist, kann aus dieser inneren Klarheit heraus den Aufstieg zur Führungspersönlichkeit beginnen.

Doch was hat all dies mit der harten Realität in Unternehmen zu tun, mit dem Kampf um Marktanteile, Überleben und Erfolg?

Sehr viel, denn gute, wirksame Führung ist einer der wichtigsten EBIT-Faktoren überhaupt. Wer gut führt, der verfügt über schlagkräftige Teams, der kann im Konkurrenzkampf besser bestehen.

Menschen brauchen ein Wofür, ein sinnvolles Ziel, eines, zu dem sie stehen, das sie motiviert und führt. Ohne ein Wofür ist eine stumpfe, passive 9-to-5-Mentalität vorprogrammiert. Dieses Wofür zu erschaffen und vorzuleben, ist eine wesentliche Aufgabe der Führungspersönlichkeit und bildet die Grundlage für nachhaltigen Erfolg eines Unternehmens.

Nur zu gerne greifen Unternehmen in Krisenzeiten auf externe Berater zurück. Es ist grundsätzlich nie schlecht, externe Expertise einzuholen, aber diese Beratung darf nicht zu einer Entschuldigung für eigenes Nichtstun werden. Es muss stets klar sein, wer den Hut aufhat, nämlich nicht der Berater, sondern die Führungskraft. Berater sind niemals die alleinige Lösung, höchstens ein Teil der Antwort.

Ein weiterer Aspekt gelungener Führung ist berufliche Heimat, also Identifikation zu vermitteln. Menschen brauchen Heimat, einen Ort, an dem sie sich wohlfühlen. Die Aufgabe der Führungspersönlichkeit ist es, diesen Ort für ihre MitMACHER zu schaffen und gemeinsam mit ihnen diesen weiter zu gestalten. Daher kommen der Arbeitsplatzgestaltung, den damit verbundenen Aufgaben, Rechten und Pflichten eine wichtige Aufgabe zu.

Um gelungene Führung bildlich zu veranschaulichen, bietet sich das Beispiel eines Top-Dirigenten an. Seine Mitarbeiter und ihre Aufgaben, das Orchester, bestehen aus vielen Musikern. In einem Spitzensymphonieorchester kann jeder für sich alleine Weltklasse sein. Doch ein wunderschönes Konzert entwickelt sich erst, wenn alle im Einklang der Führung des Dirigenten folgen. Der Dirigent hingegen spielt kein Instrument, er verfügt nur über einen kleinen Stab. Doch es ist seine Mischung aus Können, Engagement und Autorität, die das Orchester erst zur höchsten Klangblüte reifen lässt.

1. Der blaue Anzug

Montagmorgen im Flugzeug Richtung Frankfurt. Die vorherrschende Farbe der Anzüge ist blau, manchmal auch grau. So wie das Wetter draußen. Die Frisuren der reisenden Herren sind ähnlich, die Brillen auch, die Aktenkoffer sowieso. Man fragt sich, wo man das Uhrenmodell, das der Mann mit der dunklen Krawatte am Handgelenk trägt, schon mal gesehen hat, bis einem auffällt: Der Sitznachbar trägt genau das Gleiche. Wenn sich die Herren der Wirtschaft neben Angela Merkel auf den Konferenzen und Messen zum Gruppenfoto formieren, ist es wie bei einem Déjà-vu-Erlebnis: weißes Hemd, dunkle Krawatte, gedeckter Anzug. Die Uniform der Wirtschaftsbosse ist allgegenwärtig. Niemand trägt eine rockige Uhr am Handgelenk, schiebt einen Koffer in leuchtendem Orange ins Gepäcknetz oder hat sich ein wildgemustertes Hemd mit Leopardenmotiv übergestreift. Wenn einer auf dem Gruppenfoto fehlt, fällt es keinem auf – bloß ein blauer Anzug weniger. Dass die Fotos nicht alle an einem Tag geschossen wurden, merkt der aufmerksame Beobachter nur, weil die Bundeskanzlerin die Farbe ihres Blazers gewechselt hat.

So wie mit den Anzügen ist es auch mit dem, was *in* den Anzügen steckt. Die Gedanken in der deutschen Wirtschaft sind auf Mainstream gebürstet. Da tanzt keiner aus der Reihe. Darauf wird peinlichst geachtet. Das fällt besonders bei den Besprechungen auf. Alles ist gesagt – nur eben noch nicht von jedem. Und so werden die Unterwerfungsrituale durch die Wiederholung des Gesagten zelebriert und damit signalisiert, wer auf wessen Seite steht. Abwechslung, Spannung, eine hinreißende neue Idee sind nicht erwünscht, vielmehr geht es darum, die Reihen geschlossen zu halten. Optisch und verbal: eine endlose Wiederholungsschleife.

Warum ist das in vielen deutschen Unternehmen so?

Weil man im protestantisch geprägten Deutschland das Außergewöhnliche, den Glanz nicht mag. Denn Luther stellte das eigene Gewissen vor den öffentlich zur Schau getragenen Kirchenglauben.

Damit war das ‚wahre Sein' fortan *innen* zu verorten und alles Äußere ab sofort verdächtig. Der Gang über den roten Teppich, das wissen wir Deutschen seit Luther, ist ‚bloßer Schein'. Also, zu vernachlässigen. Das wird auch im Ausland bemerkt. Niemand gilt als so schlecht gekleidet und schlecht frisiert wie die Deutschen. Ist ja nur äußerer Schein. *Warum also sich bemühen?*

Sein vor Schein

Dass das Sein dem Schein vorzuziehen sei, ist selbstverständlich einem deutschen Geist entsprungen, nämlich dem berühmten preußischen Generalfeldmarschall Alfred Graf von Schlieffen.[1] Aus seinem Munde stammen die Worte:

„Viel leisten, wenig hervortreten, mehr sein als scheinen."[2]

Einem französischen Geist wäre so etwas nicht eingefallen. Seit der Kehrtwende in Richtung Innenleben, in dem wir Deutschen im Übrigen eine ungeheure Tiefe vermuten – selbstverständlich im Gegensatz zum ‚oberflächlichen Äußeren' – haben wir mit dem Anderssein so unser Problem. Denn Anderssein kann nur bemerkt werden, wenn es in *Erscheinung* tritt. Das aber ist eitel. Auch das hat uns Luther gelehrt. Deswegen bevorzugen wir Deutschen den Mainstream. Sozusagen den blauen Anzug der Gedanken. Wer *anders ist* und damit auch noch Erfolg hat, wird mit Neid abgestraft. Davon wissen viele sehr erfolgreiche Unternehmer ein Lied zu singen, so etwa Erich Sixt, der mit seiner Autovermietung Millionen machte.[3] Selbst den Philosophen ist die deutsche Neidkultur nicht verborgen geblieben und so kritisierte Arthur Schopenhauer vor rund zweihundert Jahren die Liebe der Deutschen zum kuscheligen Gleichsein:

„Wo und wie auch immer das Vortreffliche auftritt; gleich ist die gesamte Mittelmäßigkeit verbündet und verschworen, es zu ersticken."[4]

Kein Wunder also, dass wir Deutschen als Konsensgesellschaft bezeichnet werden. Da hat das, was nicht stromlinienförmig mitschwimmt, nicht viel Platz. In diesem Kontext gilt ein Manager, der einen dicken Schnäuzer im Gesicht trägt und Turnschuhe überstülpt wie (Ex-)Mercedes-Benz-Chef Dieter Zetsche beim Parteitag der Grünen schon fast als originell, wenn auch ein bisschen peinlich, weil die Turnschuhe zum Anzug doch reichlich aufgesetzt wirkten. Unauffälligkeit ist in den Vorstandsetagen gefragt. Wer sich zu sehr nach vorne drängt, wird gerne mit einem vorzeitigen Karriereaus aus dem Verkehr gezogen. Geniale Solotänzer wie einst Rudolf Nurejew im russischen Ballett mag man in Deutschland eben nicht. Zumindest nicht im Business.

Das könnte jetzt zum Problem werden.

Denn in Zukunft brauchen wir keine stromlinienförmigen Manager, sondern *Personen mit Ecken und Kanten*. Menschen, die als Person erkennbar sind.

Warum?

Der Grund ist einfach: Wir leben in bewegten Zeiten. Nicht Funktionäre, sondern Persönlichkeiten sind in solchen Zeiten gefragt. Aufgrund der Digitalisierung wird sich die gesamte Gesellschaft von Grund auf ändern. Mobilität, Finanzierungen, Mitarbeitergewinnung, Unternehmensgründungen, Geld, Wissenschaft, Freundschaften und Liebe – alles wird in Zukunft vom Digitalen durchdrungen sein. Dabei kommen die Veränderungsprozesse extrem schnell, denn die Digitalisierung ist eine exponentielle Technik[5], die das Tempo der Veränderung massiv vorantreibt. Das führt dazu, dass viele Unternehmer – vor allem im Mittelstand – einfach den Kopf in den Sand stecken und lieber so weitermachen wie bisher. Und als wären die Herausforderungen, die die Digitalisierung und die damit einhergehenden Marktveränderungen mit sich bringen, nicht genug, ticken auch noch die Generation Y und Z,[6] die mit der Digitalisierung groß geworden sind, derart anders als die Generationen zuvor, dass wir uns tatsächlich an einem Scheideweg unserer Gesellschaft befinden. Diese Generationen respektieren Autoritäten nicht mehr. Mit dem üblichen Generationenkonflikt hat das nichts mehr zu tun. Die Sache geht sehr viel tiefer, weil wir uns mitten in einem umfassenden Transformationsprozess befinden.

Um mit Darwin zu sprechen: Der Sprung in die digitale Gesellschaft ist in etwa so groß wie einst der Sprung vom Neandertaler

Wir leben in bewegten Zeiten. Nicht Funktionäre, sondern Persönlichkeiten sind in solchen Zeiten gefragt. Wir scheuen uns nicht, in diesem Zusammenhang von einer Evolution der gesamten Gesellschaft zu sprechen.

zum Homo sapiens. Im Vergleich zu dem, was uns mit der Digitalisierung bevorsteht, ist die Umwandlung von der Agrargesellschaft zur Industriegesellschaft ein Kinderspiel gewesen. Es riecht nach Revolution, obwohl es kein Umsturz ist, sondern eine Weiterentwicklung der modernen Gesellschaft, die sich aus vielen Quellen speist. Die Digitalisierung und die mit ihr einhergehende Entkoppelung von Wissen und Macht sowie eine Erziehung, die den Respekt vor jeglichen Führungspersonen als verdächtig diffamiert, sind nur zwei davon, aber wesentliche Elemente, die das Führen von Menschen heute zu einer höchst komplexen und individuell abgestimmten Angelegenheit machen. Es ist so, als habe sich die Genetik der Gesellschaft komplett neu aufgestellt. Dabei fällt auf, dass die Lebensformen, inspiriert durch das Digitale und dessen unendliche Möglichkeiten, sich rasant verändern und mit ihnen die Märkte, die Kunden und die Mitarbeiter. Darauf müssen Führungskräfte reagieren! Und zwar an allen drei Fronten gleichzeitig. Das ist ein anstrengender, herausfordernder Prozess, vor allem für Führungskräfte, die nicht mit dem Digitalen groß geworden sind.

Sicher ist: Das, was gestern galt, gilt nicht mehr. Daher ist es mit kleineren Reparaturmaßnahmen nicht getan. Wir müssen in den Unternehmen völlig umdenken! Vor solch einer enormen Herausforderung, deren rasantes Tempo weiter an Fahrt gewinnt, stand die Führungselite noch nie. Noch nicht einmal nach dem Zweiten Weltkrieg, als alles in Schutt und Asche lag. Change-Management ist kein Ausnahmezustand mehr, sondern *Alltag*. Deswegen sagen wir in aller Deutlichkeit: Ein Weiter-so bedeutet den sicheren Tod!

Sicher ist: Das, was gestern galt, gilt nicht mehr. Daher ist es mit kleineren Reparaturmaßnahmen nicht getan. Wir müssen in den Unternehmen völlig umdenken!

16

„Erkenne dich selbst"

Das Ganze lässt sich aber auch positiv ausdrücken: Wir leben in sehr spannenden Zeiten und spannende Zeiten waren noch nie etwas für Couch-Potatoes. Wir müssen runter vom Sofa, denn die Digitalisierung macht die Aufmerksamkeit der Menschen zu einem raren Gut – und der, der ist wie alle anderen, geht im Meer des Digitalen unter. Wer sich nicht als Person zu erkennen gibt, wird von den Algorithmen des Digitalen gnadenlos in den Mainstream eingespeist. Wer in Zukunft Menschen führen will, muss daher sichtbar sein, *aus der Masse heraustreten*. Also das genaue Gegenteil von dem tun, was bisher in ‚Good old Germany' als gut und nützlich galt. In Zukunft müssen Führungskräfte sichtbar sein, wenn sie Menschen führen möchten. Dabei darf Sichtbarkeit nicht mit laut oder marktschreierisch verwechselt werden. Es geht schon lange nicht mehr um ‚gute Führung', es geht um wirkungsvolles ‚Leadership'. Nur wer ein echter Leader ist, also glaubhaft ist in dem, was er tut, hat Follower und durch sie Einfluss. Das Fatale aber ist: Follower folgen nur *freiwillig*. Niemand kann sie zwingen, dem Vortänzer zu folgen. Der Vortänzer muss durch seine Persönlichkeit überzeugen.

> Wer sich nicht als Person zu erkennen gibt, wird von den Algorithmen des Digitalen gnadenlos in den Mainstream eingespeist.

Wirklich neu ist das nicht. Als Jesus seine Jünger um sich scharte, war es nicht anders. Jesus hat durch seine Taten, die mit seinen Worten in Einklang standen, überzeugt und so folgten ihm seine Anhänger freiwillig. In Scharen. Jesus war ein echter Menschenfänger. So vorzugehen, empfiehlt sich daher auch für Führungskräfte. Dass es Menschen sind, die überzeugen, haben wir nur vergessen.

Wie konnte das passieren?

Weil wir mit den PWC-Jüngern und KPMG-Vertretern dieser Welt die effizienten Strukturen über das Menschliche gestellt haben und zutiefst davon überzeugt waren, dass die Strukturen, wenn sie denn nur sauber eingestellt sind, es schon richten werden. Dann, so glaubten wir lange Zeit, ‚läuft das Ding von selbst'. Das nennt man *funktionale Führung.*

In Zukunft müssen Führungskräfte sichtbar sein, wenn sie Menschen führen möchten. Dabei darf Sichtbarkeit nicht mit laut oder marktschreierisch verwechselt werden. Nur wer ein echter Leader ist, also glaubhaft ist in dem, was er tut, hat Follower und durch sie Einfluss. Das Fatale aber ist: Follower folgen nur freiwillig. Niemand kann sie zwingen, dem Vortänzer zu folgen. Der Vortänzer muss durch seine Persönlichkeit überzeugen.

Doch wie sieht die Realität aus? In einem Wort: *düster.* Denn die funktionale Führung hat nach wie vor die Überhand. Wir sehen es an den unzähligen Benchmarks im Human-Research-Bereich (HR), die Druck erzeugen, ohne dass personale Führung hinzukommt. Wir sehen es an den ausufernden Vorschriften, gepaart mit Political-Correctness-Denken, die die Ermessensspielräume für Manager immer kleiner werden lassen. Und mit den neuen Daten-schutzrichtlinien wurde auf den bürokratischen Vorschriftendschungel für die Unternehmen noch eins draufgesattelt.

Doch wie reagieren die Wirtschaftsbosse auf diese Zumutungen?

Sie schweigen und funktionieren. Es ist erstaunlich, aber wahr: Den Tag, an dem ein Manager mal eine Lippe riskiert und zu dem einen oder anderen Missstand seine persönliche Meinung öffentlich äußert, können wir getrost im Kalender rot ankreuzen. Da in Zukunft aber die Persönlichkeit des CEO über Sein und Nichtsein im Business entscheidet, stehen wir vor einem großen Problem.

Warum?

Weil die meisten CEOs gar nicht wissen, *wer* sie sind.

Sie meinen, das sei übertrieben?

Keineswegs. Die Unwissenheit über das eigene Ich haben wir in unzähligen Beratungen von Spitzenmanagern immer wieder erstaunt zur Kenntnis genommen. Vergegenwärtigt man sich jedoch den ungeheuren Druck in der deutschen Wirtschaft, möglichst konform zu agieren, verwundert es nicht. Dieses Sich-Verhalten, obwohl wir tief im Inneren etwas anderes spüren, kommt einer jahrelangen Selbstverleugnung gleich. Eine Selbstverleugnung, die nur mit viel Disziplin aufrechterhalten werden kann. Das kostet viel Kraft, weil oft gegen das eigene Naturell agiert wird und so wichtige Bedürfnisse, deren Quelle in unserer Persönlichkeit liegen, keine Befriedigung finden. So entstehen Spannungen, Unzufriedenheit, Süchte. Doch wer Jahrzehnte innen wie außen den blauen Anzug tragen musste, weiß irgendwann nicht mehr, wer er ist und wofür er steht. Um es ganz deutlich zu sagen: Jemand, der derart im Ungleichgewicht lebt, kann kein Leader sein, dem Menschen begeistert folgen.

Betreibt der CEO die eigene Selbstverleugnung zu lange, wird er zum Spielball von Interessengruppen im Unternehmen. Dann erlischt das ‚innere Feuer‘, die Konflikte mit dem Verwaltungsrat und seinem Team über die richtige Strategie häufen sich. Das bindet Kräfte, im operativen Geschäft ist er daher seit Langem nicht mehr präsent. Plötzlich treffen wichtige Entscheidungen andere. Der CEO spürt, dass es nicht mehr funktioniert. Seine Autorität ist angekratzt. Er ist angreifbar geworden. Oft wird er dann nur noch ‚geduldet‘, bis er sich von selbst entsorgt oder am Ende einfach abgesetzt wird. Nicht selten mündet so etwas in psychischen Krisen, die vom Burnout bis hin zum Selbstmord alle möglichen Variationen der Selbstzerstörung auslösen können.

> Wer Jahrzehnte innen wie außen den blauen Anzug tragen musste, weiß irgendwann nicht mehr, wer er ist und wofür er steht. Um es ganz deutlich zu sagen: Jemand, der derart im Ungleichgewicht lebt, kann kein Leader sein, dem Menschen begeistert folgen.

Die Lebensmotive

Auf dem Weg zum Leader ist es jedoch unerlässlich, sich selbst gut zu kennen, seine Stärken genauso wie seine Schwächen. Deswegen empfehlen wir zu Beginn einer Beratung eine Motivationsanalyse zu machen. Diese beruht auf einem Verfahren, das von dem amerikanischen Psychologieprofessor Steven Reiss entwickelt wurde. Reiss hat in jahrelanger Forschungsarbeit 16 Lebensmotive identifiziert.[7] Diese Lebensmotive sind vielfältig. Sie reichen von A wie Anerkennung bis hin zu S wie Sparen (siehe dazu im Anhang des Buches die Erläuterung der Lebensmotive, S. 179 ff.). Diese Lebensmotive teilen wir mit allen Menschen. Trotzdem sind wir alle sehr unterschiedlich. Entscheidend für diese Individualität ist, wie intensiv die jeweiligen Motive ausgeprägt sind. So sind bei jedem Menschen einige Motive dominanter als andere.[8] Das sind die Lebensmotive, die unser Leben bestimmen. Diese höchst individuelle persönliche Motivation begleitet uns ein Leben lang; sie ist höchstwahrscheinlich angeboren und nicht veränderbar.[9] Was aber bis zu einem gewissen Grad veränderbar ist, ist das Verhalten, also die Art und Weise, wie wir mit unseren Lebensmotiven umgehen.[10]

Da die Skala der verschiedenen Ausprägungen die Individualität bestimmt, sie von sehr gering bis ganz stark reicht und alle Schattierungen denkbar sind, muss sehr genau hingeschaut werden, um zu erkennen, *wer* jemand ist. Es ist gerade diese Differenz, die uns zu einer unverwechselbaren Persönlichkeit macht. Jemand hat vielleicht eine starke Ausprägung beim Lebensmotiv Macht (ein Mensch, der unbedingt seinen Willen durchsetzen will), aber eine geringe beim Lebensmotiv Ruhe (er sucht Aufregung und Abenteuer). Einem anderen wiederum sind die Motive Essen und Neugier sehr wichtig, bei ihm findet sich jedoch eine geringe Ausprägung bei körperlicher Aktivität und vielleicht eine mittlere Ausprägung beim Motiv Familie. Die Persönlichkeitsmerkmale, die zum jeweiligen Grad der Ausprägung dazugehören, reichen beispielsweise beim Thema Anerkennung von ‚übertrieben selbstbewusst‘ bis hin zu ‚unterwürfig‘. Beim Lebensmotiv Ordnung von ‚chaotisch‘ bis hin zu ‚perfektionistisch‘.[11] Doch zwischen den jeweils extremen Polen gibt es viele Schattierungen.

> Jeder von uns hat eine höchst individuelle Zusammenstellung dieser 16 Lebensmotive. Wir müssen genau hinschauen. Gerade bei Menschen mit Führungsverantwortung.

Dabei beruht die Motivationsanalyse nach Reiss auf evaluierten, wissenschaftlich validen Untersuchungen. Die breit angelegten Untersuchungen wurden mithilfe von 80.000 Menschen in den USA, Asien und Europa erhoben.[12] Eine solch breite Datenbasis hat es bis dato noch nie in der Motivationsforschung gegeben. Die Motivationsdiagnostik nach Reiss hat sich weltweit etabliert.[13] Sie hat sich seit vielen Jahren in der Potenzialanalyse, dem Führungstraining, der Teamentwicklung und dem Coaching bestens bewährt.[14]

Das Aha-Erlebnis

Nicht wenige Vorstandschefs sind nach der Motivationsanalyse überrascht, wie sie in Wahrheit ticken. Es kommt einem Schlüsselerlebnis gleich. Der berühmte Aha-Effekt, wenn die Wahrheit sich offenbart. Oft haben sie diese inneren Motive als treibende Kraft in sich gespürt, jetzt aber haben sie es schwarz auf weiß und zudem wissenschaftlich untermauert. Wir arbeiten mit dem Motivationscheck seit vielen Jahren, weil wir festgestellt haben, dass kein anderes Verfahren bessere und genauere Ergebnisse erzielt, um zu beantworten, *wie* wir ticken. Wer seine Motive analysiert hat, kennt seine Bedürfnisse, weiß, was sein Handeln antreibt. Plötzlich wird Spitzenmanagern klar, warum sie bestimmte Konflikte haben und so manches Problem immer wiederkehrt, warum sie bei einigen Tätigkeiten glücklich sind und sich bei anderen schwertun. Wer seine Motive jedoch ignoriert, lebt an seinen ureigensten Bedürfnissen vorbei und lebt sein eigentliches Potenzial nicht aus. Deswegen ist der Motivationscheck so hilfreich. Beruflich wie privat. Unsere Motive und die damit verbundenen

Wer seine Motive nicht kennt, nicht weiß, was sein Handeln antreibt, lebt an seinen ureigensten Bedürfnissen vorbei. Deswegen ist die Motivationsanalyse so hilfreich. Beruflich wie privat. Unsere Motive und die damit verbundenen Werte zu kennen und leben zu dürfen, heißt, mit sich im Reinen zu sein.

Werte, Ziele und Emotionen zu kennen und leben zu dürfen, heißt, mit sich im Reinen zu sein.

Dabei wendet sich Reiss mit seiner Motivationsanalyse entschieden gegen die in Amerika und anderen Ländern nach wie vor einflussreiche Psychoanalyse nach Freud und dessen Nachfolger.[15] Der Grund seiner Kritik: Freud und seine Anhänger sehen Persönlichkeitsmerkmale grundsätzlich in Verbindung mit Krankheiten.[16] Das sei fatal, meint Reiss, denn so werden viele gesunde Menschen überaus schnell als von der Norm abweichend klassifiziert, mit anderen Worten: als seelisch krank definiert – ohne, dass sie es sind.

Statt abnormen Verhalten sieht Reiss etwas ganz anderes: *Motive*, die uns bewegen und unsere Persönlichkeit erklären. Er wendet den Blick von der Krankheit auf normale Menschen, um zu verstehen, *warum* sie tun, *was* sie tun. Dabei sieht er – anders als Freud – nicht nur *ein* Motiv, die Libido, sondern 16 Lebensmotive, die uns in unterschiedlicher Weise antreiben. Der Ansatz von Reiss ist ein Plädoyer für die Vielfalt der menschlichen Persönlichkeit. Er glaubt nicht, dass es bei uns im Leben allein um die Entladung der Sexualität oder um Reduktion von Ängsten geht, wie Freud annahm.[17] Zudem sind die 16 Lebensmotive selbstständige Einheiten. Wer gerne isst, muss nicht zugleich auch ein besonders triebhaftes Sexualleben haben. Wir Menschen sind eben erheblich vielfältiger als Freud glaubte. Die Motivationsanalyse nach Reiss trägt dem Rechnung.

Die Forschungsergebnisse sind revolutionär

Die Forschungsergebnisse von Reiss sind revolutionär und ihre Bedeutung für das Fach Psychologie ist noch lange nicht ausgeschöpft. Sie haben zudem eine Botschaft, bei der Unternehmer aufhorchen sollten: Menschen sind nur dann motiviert, wenn ihre Lebensmotive angesprochen sind.[18]

Das muss man erst einmal sacken lassen, denn unsere Motivationsgurus sagen alle etwas anderes.[19] Sie behaupten, dass man nur die *richtige* Motivationstechnik ,drauf' haben müsse, dann könne man wie Jesus übers Wasser gehen und *jeden* Menschen motivieren. Reiss sagt das genaue Gegenteil, nämlich, dass das schlichtweg nicht möglich ist. Das widerspricht so ziemlich all dem, was in teuren Managerseminaren gelehrt wird. Beschäftigen sich doch ein Heer von Schulen, Gurus, Coaches und viele selbsternannte Heiler damit, wie man Menschen durch die *richtige* Führungstechnik motiviert. Die Tatsache, dass wir allein dann motiviert sind, wenn unsere Lebensmotive angesprochen sind, widerlegt alle Motivationsbücher, die im Handel herumschwirren.

> Die Tatsache, dass wir allein dann motiviert sind, wenn unsere Lebensmotive angesprochen sind, widerlegt alle Motivationsbücher, die im Handel herumschwirren. Es wäre ein sinnvoller Akt, sie aus den Buchhandlungen und Bibliotheken zu entfernen.

Wahr ist: Es ist *unmöglich,* mithilfe irgendwelcher Motivationstechniken Menschen zu motivieren. Motivation entsteht ganz anders: Die Lebensmotive müssen stimuliert sein, sonst passiert gar nichts. Wenn die Situation nicht die Stimuli bietet, bei denen die Lebensmotive angesprochen werden, wird sich dieser Mensch nicht motiviert fühlen, egal welche Managementtechniken auf ihn angewendet werden. Diese elementaren Ergebnisse aus mehr als zwanzig Jahren Motivationsforschung zeigen unmissverständlich, warum wir die gesamte Motivationsliteratur, die den Büchermarkt überschwemmt, vergessen können. Wir können sie getrost aus den Bücherregalen der Buchhandlungen und der Bibliotheken verbannen, ohne, dass dies ein Verlust wäre. Vielmehr wäre das ein sinnvoller Akt, denn aufgrund jahrzehntelanger falscher Schulung herrscht in den Köpfen vieler Manager Konfusion: Es gibt ein riesiges Missverständnis in Bezug auf die menschliche Natur. Wir

> Es ist *schlichtweg nicht möglich*, jemanden von *außen* zu motivieren. Die Unterscheidung von ,innen' und ,außen' macht keinen Sinn. Es ist *allein* die Situation, die motiviert, und zwar dann, wenn sie zu den Lebensmotiven des jeweiligen Menschen passt.

sagen es daher in aller Deutlichkeit: Es ist schlichtweg *nicht möglich*, jemanden von *außen* zu motivieren. Das wusste auch schon Galileo Galilei: „Man kann einen Menschen nichts lehren. Man kann ihm nur helfen, es in sich selbst zu entdecken."[20] Die Unterscheidung von ‚innen' und ‚außen' macht daher überhaupt keinen Sinn. Es ist *allein* die Situation, die motiviert und zwar dann, wenn sie zu den Lebensmotiven des jeweiligen Menschen passt.

Einfach, aber genial

Wer Menschen motivieren will, sollte schauen, dass die Menschen am *richtigen Ort* eingesetzt werden. Es ist ziemlich simpel, wie so oft bei genialen Einsichten. Mehr ist tatsächlich nicht zu tun. Man muss die Situation analysieren und die Lebensmotive der Kandidaten kennen. Dann kann man den richtigen auswählen. Doch über *die Kompatibilität von Mensch und Situation* hat man sich bisher in den Unternehmen keine Gedanken gemacht. Stattdessen hat man sich den Kopf über die Kompetenzen zerbrochen, die der jeweilige Bewerber haben sollte.

Durch die Forschungsergebnisse, die Steven Reiss in rund zwanzig Jahren ermittelte, wissen wir heute, warum das mit den verschiedenen Motivationstechniken nie geklappt hat, und gerade dadurch, dass es *nicht funktionierte*, viel Geld verdient wurde. Denn wenn es nicht klappt, muss halt nochmal und *besser* geschult werden. Wir alle haben in dieser Hinsicht in der Kompetenz-Funktions-Falle gehockt. Doch damit sollten wir jetzt aufhören. Es ist eine bittere Einsicht, wenn man bedenkt, wie viel Geld dabei in der Vergangenheit versenkt worden ist. Aber es ist besser, die Erkenntnis kommt spät als nie. Jedenfalls können Sie das Geld für solche Art von Motivationsschulungen in Zukunft sparen. Und das ist doch eine wirklich gute Nachricht!

Wie ein Fisch im Wasser

Dennoch kann jeder Mensch bis unter die Haarspitzen motiviert werden, aber nicht durch Motivationstechniken, sondern durch die *Situation.* Wenn die zu seinen Lebensmotiven passt, geht die Post ab. Wenn wir beispielsweise ein Mensch sind, der den Wettkampf liebt und wir auf einen hochkompetitiven Markt treffen, schwimmen wir wie der Fisch im Wasser. *Dann haben wir eine richtig gute Performance.* Hinzu kommt: Der Erfolg beflügelt uns zusätzlich. Jetzt werden die eigene innere Kraft und unsere Emotionen freigesetzt, wir empfinden uns als *wirksam.* Nun sind wir *Meister* der Situation. Diese Erfahrung wird daher zu unserem Know-how, zu unserem impliziten und jederzeit wieder verwendbaren Wissen.

Der Umkehrschluss gilt aber auch: Wenn uns der Wettkampf nicht liegt, werden wir versagen, egal, wie erfolgreich wir vorher an einem anderen Ort unter ganz anderen situativen Bedingungen gewesen sind. Der Ansatz, dass Situation und Mensch zueinander passen müssen, ist *revolutionär.* Er stellt das Personalsystem in Deutschland auf den Kopf. Doch wir sollten diesen Paradigmenwechsel vollziehen. Im Mittelalter hat man auch geglaubt, dass die Pest von ‚schlechten Winden' verursacht wird,[21] bis man entdeckte, dass es die Flöhe waren, die die Ratten im Fell trugen, die den ‚schwarzen Tod' übertrugen. Mit anderen Worten: Wenn man es besser weiß, sollte man nicht mehr alten, überkommenen Vorstellungen nachhängen.

> Der Ansatz, dass Situation und Mensch zueinander passen müssen, ist revolutionär. Er stellt das Personalsystem in Deutschland auf den Kopf. Wenn wir Menschen motivieren wollen, müssen wir den Paradigmenwechsel dringend vollziehen.

Fremd- und Selbstbild

Wenn wir Spitzenmanager beraten, nennen sie uns zu Beginn der Beratung oft ganz andere Gründe für ihr Tun als das, was ihr Motivprofil aussagt. Für uns ist nicht zu übersehen, was da regelmäßig passiert: Das Selbstbild wird der äußeren Norm angepasst, nämlich dem, was in deutschen Unternehmen von Managern erwartet wird. Diese Ahnungslosigkeit gegenüber der eigenen Persönlichkeit ist gefährlich. Darauf kommen wir noch zu sprechen. Zugleich ist dieses Fremdsein im Umgang mit sich selbst Voraussetzung für den Gleichschritt auf Vorstandsebene. Nur der, der nicht weiß, wer er ist oder den Kontakt zu sich selbst im Laufe der Jahre verloren hat, passt sich an, marschiert in der Masse mit, ohne zu mucken. Wer aber um sich weiß, findet seinen eigenen Rhythmus. Und mit dem eigenen Rhythmus fühlt es sich nicht nur innen besser an, meistens ist derjenige dann auch wesentlich erfolgreicher als im Gleichschritt zuvor. Nur, wer sich selbst kennt, kann auch führen und zwar aufgrund der Kraft seiner Persönlichkeit.

Was wir in Zukunft brauchen, ist *personale Führung*. Wir müssen Menschen durch Glaubwürdigkeit und Authentizität für uns einnehmen, sie überzeugen, mitreißen und motivieren. Das ist das Gebot der Stunde.

Es ist wie beim Pilgern. Den Jakobsweg, jenen berühmten Bußweg, auf dem der Unterhaltungskünstler Hape Kerkeling wanderte und uns in seinem Buch „Ich bin dann mal weg" an seinen Freuden und Leiden teilhaben ließ, schafft niemand, wenn er nicht auf seinen inneren Rhythmus hört. Die rund 800 Kilometer von St. Jean Pied de Port bis Santiago de Compostela bewältigt nur der, der sein eigenes Schritttempo gefunden hat. Wandere ich im Tempo der anderen, kriege ich garantiert Seitenstechen. Doch das Seitenstechen auf Vorstandsebene wird tapfer ignoriert und oft mit Tabletten stillgestellt. Wir haben uns so sehr an den Gleichschritt gewöhnt, dass wir die psychischen und biologischen Störungen, die den Ablauf unterbrechen und uns melden, dass hier etwas schiefläuft, gar nicht mehr wahrnehmen.

Von ungefähr kommt die Liebe zum Gleichschritt natürlich nicht. Der Gleichschritt der deutschen Manager auf Vorstandsebene hat eine Vorgeschichte – und zwar eine höchst erfolgreiche. Gemeint sind die Standards und die damit einhergehende perfekte Organisation der Produktionsprozesse. Hinter diesen Prozessen und Standards sind die Personen irgendwann verschwunden und so wundert es nicht, dass alle den gleichen blauen Anzug tragen – innen wie außen.

Einer der weisen Sprüche des Orakels von Delphi lautet: „Erkenne dich selbst!"[22] Denn nur, wer sich selbst kennt, kann auch führen und zwar aufgrund der Kraft seiner Persönlichkeit.

2. Es lebe der Standard!
Es lebe der Standard?

D as Papier passt genau in den Drucker? Das erstaunt uns nicht. Die Bratwurst rutscht beim Grillen nicht durchs Gitter? Kein Grund zum Grübeln. Das Gewinde passt genau zur Schraube? Auch das verblüfft uns nicht. Vielmehr erwarten wir das. Vieles von dem, was in unserem Alltag reibungslos verläuft, verdanken wir *Standards*. Und bei Standards macht uns Deutschen niemand etwas vor. Den Respekt, den deutsche Produkte weltweit genießen, verdanken wir diesen Standards und der peniblen Umsetzung derselben im Produktionsprozess.

‚Made in Germany‘ – das hat Klang.

Kein Wunder also, dass die meisten weltweit gültigen Standards (ISO) sich nach einer deutschen Norm richten, dem Deutschen Industriestandard, kurz DIN genannt. Zurzeit sind es rund 34.000.[23]

Doch dieser Glanz, den das Label ‚Made in Germany‘ weltweit verbreitet und der bei Millionen Menschen Respekt und Bewunderung auslöst, ist zugleich das Problem. Denn der Erfolg hat uns geblendet. Regelrecht blind gemacht gegenüber dem, was Standards leisten können – *und was nicht*. Berauscht vom Erfolg ist uns ein folgenschwerer Fehler unterlaufen: Wir haben geglaubt, dass wir Standards auf *alles* übertragen können. Nicht nur auf Produkte und Dienstleistungen, sondern auch auf *Menschen*. Das Problem dabei ist: Das Format A4 funktioniert beim Papier ganz wunderbar. Bei Menschen nicht. Wenn Menschen in vorgefertigte Schablonen gepresst werden, werden sie krank. Der Erfolg bleibt aus. Deswegen knirscht es ganz gehörig im Getriebe des deutschen Personalwesens. Und das schon seit vielen Jahren. Irgendwie passen hier ‚Gewinde und Schraube‘ nicht besonders gut zusammen, gemeint ist die Passgenauigkeit von Job und dem jeweiligen Kandidaten, der den Job machen soll. Aufgrund unserer langjährigen Erfahrung als Berater von Konzernen und mittelständischen Unternehmen wagen wir eine Einschätzung, die, genau genommen, ein Skandal ist: Wir behaupten, dass rund 80 Prozent der Stellen in deutschen Unternehmen falsch besetzt sind. Der glückliche Rest von rund 20 Prozent verdankt das gute Zusammenpassen von Aufgabe und Person eher einem Zufall, aber ganz sicher nicht der glücklichen Hand bei der Auslese.

Sie finden unsere Einschätzung vermessen? Weit übertrieben? Reine Schwarz-Weiß-Malerei?

Ganz ehrlich: Wir würden Ihnen so gerne recht geben! Doch die Realität in deutschen Unternehmen – egal ob Konzern oder Mittelstand – sieht anders aus. Ausgehend von der schriftlichen Bewerbung bis hin zum Assessment Center: die Auswahlverfahren fokussieren im Wesentlichen die *fachlichen Kompetenzen* und zielen nicht auf die Persönlichkeit. Schon in den Bewerbungsschreiben stellen viele Kandidaten ihre Fachkenntnisse heraus und betonen ihre Erfahrung, die sie im Berufsleben gesammelt haben, denn sie wissen, dass genau das von ihnen erwartet wird. Zwar werden in den aufwendigen Auswahlverfahren eines Assessment Centers, die oft über mehrere Tage gehen, auch sogenannte Persönlichkeitstest durchgeführt, doch wer sich diese Tests näher anschaut, stellt fest, dass diese erneut Kompetenzen abfragen, nämlich in diesem Fall *soziale Kompetenzen.* Geprüft werden emotionale Stabilität, Kontaktfähigkeit oder Leistungsbereitschaft.[24] Über die *Motivation* eines Menschen und was diesen im Leben tatsächlich bewegt, *warum* er dies oder jenes im Leben tut, sagen diese Tests nicht aus. Doch diese Motivation, die angeboren ist, müssen wir kennen, um die Persönlichkeit unseres Gegenübers einschätzen zu können. Und so gehen diese zahllosen und höchst aufwendigen Verfahren am Eigentlichen vorbei.

Selbst der neue Hype bei den Bewerbungsverfahren, den die Künstliche Intelligenz (KI) ausgelöst hat, das sogenannte ‚Robot Recruiting‘, zielt nicht auf die Persönlichkeit des jeweiligen Bewerbers, etwa wenn Texte oder Gespräche mithilfe von Algorithmen untersucht werden, um das *Verhalten* oder bestimmte Eigenschaften, aber eben nicht die *Motivationen* herauszufiltern.[25] Obwohl immer mehr Unternehmer in Deutschland diesem Trend aus Amerika folgen und sich mit KI bessere Ergebnisse – vor allem kostengünstigere – bei der Rekrutierung ihres Personals erhoffen, glauben wir, dass es damit nur noch schlimmer wird, denn die Persönlichkeit, die vielleicht im Bewerbungsgespräch noch spontan aufblitzen könnte, hat bei den vollautomatisierten KI-Verfahren keine Chance mehr. Wenn wir darüber nachdenken, welche Mühe in die Entwicklung solcher und anderer aufwendiger Programme gesteckt wird und was deren Einsatz die Unternehmen kostet[26] – bei gleichzeitig dürftigem Ergebnis –, kann einem schwindelig werden. Ganz ehrlich: Die Mühe lohnt nicht.

Das Elend in den Personalabteilungen

Wer durch das Nadelöhr des Einstellungsverfahrens geschlüpft ist, muss, wenn er im Unternehmen erfolgreich sein will, nicht nur seinen Mantel, sondern oft auch seine Persönlichkeit an der Garderobe abgeben. Zumindest bei großen Konzernen ist das oft so. Das ist unendlich schade, denn dadurch können Schätze, die tief auf dem Meeresgrund unserer Persönlichkeit liegen, für das Unternehmen nicht gehoben werden. Wir finden das äußerst bedauerlich. Denn dem Unternehmen geht dabei viel verloren. Doch davon erfährt niemand etwas. Schließlich gilt: Wenn man nicht weiß, was verloren geht, gibt es auch keinen Grund zur Trauer. Stattdessen wird alles auf Linie getrimmt. In den Konzernen ist man sehr stolz darauf, die Standards gnadenlos durchzuziehen. Auch beim Personal. Das steht für Qualität. Wir aber haben Zweifel: Für Produkte und bestimmte Dienstleistungen sind Standards gut und nützlich. Doch bei Menschen sind sie unangebracht. Für Charakterköpfe, für Menschen aus Fleisch und Blut, ist da kein Platz.
Wie schade! Und: Wie gefährlich!
Denn, wenn wir uns weiter wie Ertrinkende an den Standards und Prozessen im Personalmanagement festklammern, werden wir die Transformation ins digitale Zeitalter nicht schaffen. Viele dieser Standards setzen Organisation, *also feste Strukturen,* voraus. Doch gerade diese festen auf Dauer angelegten Organisationsstrukturen und die mit ihnen einhergehenden Hierarchien wird es im digitalen

Zeitalter immer weniger geben. Stattdessen wird es befristete Projekte und Aufgaben geben. Bei diesen Projekten wird die Führung je nach Kompetenz *und* Persönlichkeit von einem zum anderen wandern, so wie es von der Aufgabe jeweils gerade gebraucht wird.[27]

Doch wie sieht es heutzutage im Personalmanagement aus?

Wenn die Einstellung nach Schema F erfolgt ist, geht es mit den Standards, den Schubladen und Kategorien munter weiter. Dann wird das Personal-Controlling (!) in den gefürchteten Personalgesprächen durchexerziert wie einst beim Preußenkönig Friedrich dem Großen der militärische Stechschritt. Und für dieses Personal-Controlling sind Kennzahlen entscheidend, nicht aber die persönliche Motivation des Angestellten. So wird, wie das Wort ‚Controlling‘ bereits intendiert, Kontrolle anhand von Vergleichszahlen ausgeübt. Bezeichnend ist, dass das Wort ‚Controlling‘ in Deutschland zwar in aller Munde ist, vor allem in der Finanzabteilung, im Ausland aber völlig unbekannt. Möglicherweise hat das Kontrolldenken viel mit der deutschen Mentalität zu tun. Und so werden in deutschen Unternehmen an Menschen Messlatten angelegt – egal ob geeignet oder ungeeignet – und sodann wird das Urteil gesprochen.

Doch selbst dann, wenn einer nach Schema F für gut befunden wurde, reicht es nicht. Es reicht nie. Qualität kommt von quälen, glauben viele Manager in deutschen Unternehmen, weil es ihnen in der Ausbildung so eingeimpft wurde. Deswegen wird nach der Einstellung weiter an der Effizienzschraube gedreht. Dabei wird so lange gedreht, bis die Leute ausgepumpt sind. So werden Menschen auf Leistung und auf Linie getrimmt. Doch das gelingt nur für eine gewisse Zeit – parallel dazu steigt die Burn-out-Rate. Und wir fragen uns: Wie soll bei den Verfahren noch einer von der mittleren Managementebene auf dem Weg nach oben ‚Ecken und Kanten‘ haben? Wer oben ankommt, hat den blauen Anzug im Kopf. Garantiert!

Wir hingegen glauben nicht, dass Qualität von quälen kommt. Wir glauben, dass Qualität von *echter Motivation* kommt. Wer das tut, was er liebt, guckt nicht auf die Uhr. Ein motivierter Mensch hat Freude bei der Arbeit und findet in ihr Erfüllung. Er befindet sich im

Flow, er ist leistungswillig und leistungsfähig. *Er kann sein Potenzial ausschöpfen.* Von Fremdbestimmung keine Spur. Ein solcher Mensch mag am Ende des Tages müde sein, aber erschöpft ist er nicht – und Burn-out gefährdet schon gar nicht!

Doch es wird schwer werden, Personaler und Manager von den Standards bei der Rekrutierung und später bei der Beurteilung des Personals wegzulocken, denn es ist noch gar nicht so lange her, da war die Personalabteilung das Stiefkind in den Unternehmen.[28] In diese Abteilung hat man früher gerne Leute abgeschoben. Da wollte keiner hin, Ruhm war da nicht zu ernten, und so hockten früher ausgemusterte Juristen in der ‚Perso‘, die weder bei Bewerbungsgesprächen noch bei Entlassungen besonderes pädagogisches Geschick an den Tag legten, geschweige denn visionäres Denken entwickelten.[29] Und so kamen die Standards und Vergleichskennzahlen in die Personalabteilung wie der Messias in die Wüste ohne Wasser. Endlich ließ sich die Qualität der Arbeit messen und nach außen demonstrieren. Wow! Und so verhalfen die Standards den glanzlosen Personalabteilungen zu mehr Ansehen in den Unternehmen. Jetzt galten auch sie als professionell und vor allem: *als ein bisschen wichtiger.* Mit Standards lässt sich eben Politik machen. Das hatte man in den Personalabteilungen schnell verstanden.

Wir glauben, dass Qualität von *echter Motivation* kommt. Wer das tut, was er liebt, guckt nicht auf die Uhr. Ein motivierter Mensch hat Freude bei der Arbeit und findet in ihr Erfüllung. Von Fremdbestimmung keine Spur. Burn-out gefährdet ist er sicher nicht.

Zugleich machten sich die Personaler mit den Standards unantastbar. Nun waren ihre Entscheidungen objektiv, neutral und wissenschaftlich untermauert.

Doch was wird mit den Kennzahlen eigentlich gemessen?

Ein Blick genügt, um zu wissen, dass es dabei um Mengendaten (Anzahl der Mitarbeiter), Ereignisdaten (etwa Fehlzeiten), Leistungsdaten (zum Beispiel Umsatz pro Mitarbeiter), Kostendaten (etwa Betriebsrente) und ähnlichem geht.[30] Selbst wenn in Human

Resources (HR) von Motivation die Rede ist, wird ausschließlich über Löhne und deren Staffelung gesprochen.[31] Was unsere wirklichen Motive für unser Tun sind, diese Frage bleibt unberührt. Sie scheint in den Personalabteilungen niemanden zu interessieren. Und so wird dort mithilfe der Kennzahlen, die angeblich alles erzählen, *verwaltet anstatt gestaltet*. Die Talente aber liegen brach und verkümmern. Wie viel Frust sich da bei unzähligen Menschen aufgebaut hat, kann sich jeder vorstellen. Viele leben während der Arbeit das Leben eines anderen. Wie es um unsere Wirtschaft bestellt wäre, wenn Menschen nicht nur ihre Arbeitskraft und ihre Kenntnisse einbringen könnten, sondern auch ihre *Persönlichkeit*, lässt sich nur mit viel Fantasie vorstellen, weil wir unsere Wirtschaft noch nie in der Weise organisiert haben.

Persönlichkeit als Störfaktor

Allein die Tatsache, dass früher die Personalabteilung der Abschiebebahnhof der Unternehmen gewesen ist, ist bezeichnend. Denn es stellt sich die Frage, warum die Abteilung, die unmittelbar mit den Menschen zu tun hat, die die Gewinne im Unternehmen erwirtschaften, unwichtig sein sollte? Menschen scheinen nach dieser Denkweise Wesen zu sein, deren Arbeitskraft man zwar braucht, deren Persönlichkeit dabei aber nur stört. Arbeitskraft aber, das wusste schon Marx, ist austauschbar. Persönlichkeit nicht. Doch die meisten Unternehmen haben nicht verstanden, dass in der Persönlichkeit die wahren Schätze vergraben sind. Die Persönlichkeit macht den Unterschied im positiven wie im negativen Sinn. Wie sonst kann man sich erklären, dass zwei Menschen mit gleichen Kompetenzen, gleichem Erfahrungsschatz und Know-how so unterschiedlich, ja geradezu gegenläufig, in bestimmten Situationen performen? Die Frage ist doch: Wollen wir kompetente Mitarbeiter, die alles wissen, aber in Situationen, die nicht zu ihren Lebensmotiven passen, am Können scheitern? Oder wollen wir kompetente Mitarbeiter, die die Situation durch Können meistern, weil sie am richtigen Ort zur richtigen Zeit eingesetzt werden? Läge die Persönlichkeit der Mitarbeiter im Fokus des Personalmanagements, wäre die Personalabteilung das Herz jedes Unternehmens, ohne dessen Wirken kein Unternehmen leben könnte. Hier würden nicht nur Talente geboren oder entdeckt, sondern auch gemäß ihrer Motivationsstruktur gefördert – zum Vorteil des Unternehmens. Facebook jedenfalls macht das.[32] Kein Wunder also, dass das Unternehmen in kürzester Zeit den Markt aufrollte und Milliardengewinne erzielte. Dort in San Francisco hat man verstanden, dass Personalentwicklung nicht bedeutet, Kennzahlen zu verwalten, sondern die Menschen in den Mittelpunkt zu rücken. Der Konzern tut das nicht aus purer Mitmenschlichkeit, sondern um die besten Ideen und die Kreativität der Mitarbeiter für das Unternehmen zu generieren. So verordnet Facebook seinen Mitarbeitern beispielsweise nicht *wie* eine Aufgabe zu lösen ist. Nur das Ziel wird definiert. So kann Facebook bei den Lösungen aus dem Vollen schöpfen. Ideen, Fantasie, eigenes Nachdenken sind ausdrücklich erwünscht.[33] Davon sind wir in Deutschland noch meilenweit entfernt. *Zum Nachteil der Unternehmen.* Kein Wunder also, dass der Exodus der heißbegehrten Gen Y aus den Unternehmen weiter anhält.[34] Mit Schema F hält man keine Talente im Unternehmen, schon gar nicht in Zeiten des Fachkräftemangels.

> Wenn die Unternehmensführung der Kopf des Unternehmens ist, so sollte die Personalabteilung das Herz sein. Hier werden nicht nur Talente geboren und entdeckt, sondern auch gemäß ihrer Persönlichkeit gefördert – zum Vorteil des Unternehmens.

Bei uns bleiben diese Quellen, die in unserer Persönlichkeit verankert sind, leider ungenutzt. Die Karawane der Standardisierungsanhänger zieht an diesen Quellen vorüber, als ob sie eine Fata Morgana sei und nicht die rettende Oase, in der das Wasser zu finden ist, welche das Überleben sichert. Es ist daher kein Wunder, dass die schöpferischen Kräfte vieler Menschen im Laufe eines langen Berufslebens auf halber Strecke versiegen und schließlich austrocknen. Was danach folgt, ist ‚Dienst nach Vorschrift‘. Das ist genau der Zeitpunkt, wann wir gerufen werden, damit wir reparieren, was eigentlich nicht zu reparieren ist. In vielen Unternehmen liegt ein großes Missverständnis vor: Der menschliche Faktor wird nicht als Quelle genutzt, aus der geschöpft werden kann, sondern als *Fehlerquelle* verstanden, die man austrocknen muss, damit Fehler unterbleiben und die Abläufe im Unternehmen nicht gefährdet werden. Doch eines ist klar: Mehr als ein Flickwerk kann dabei nicht herauskommen, denn das eigentliche Problem wird nicht behoben. Und geflickte Reifen, das wissen wir alle, halten nicht auf ewig. Für uns ist das in den Beratungen der ganz alltägliche Wahnsinn, denn es ist nicht zu übersehen, dass der Zug im Personalmanagement genau in die andere Richtung fährt. *Weg von den Standards, hin zur Persönlichkeit.*

Orientierung ist gefragt

Seitdem sich immer mehr die alten Strukturen in der Wirtschaft auflösen und alles der permanenten Veränderung unterliegt, ist in Zukunft *Orientierung* statt *Organisation* gefragt. Auf die Organisationsstrukturen können wir uns in digitalen Zeiten nicht mehr verlassen, denn in jenen wird die permanente Veränderung zum Normalfall. Starre, auf Dauer angelegte Organisationsstrukturen können da nur versagen. Sie waren für ein anderes Zeitalter und eine andere Art des Wirtschaftens gemacht. Das müssen wir verstehen. Deswegen ist es wichtig, die Persönlichkeit der Mitarbeiter und vor allem die der Führungskräfte ernst zu nehmen. Nicht Organisation ist es, was die Unternehmen in Zukunft am Markt hält, *sondern Personen, die Visionen und Werte haben und diese glaubhaft vorleben. Menschen, die als Vorbild dienen. Echte Leader.* Daher ist es für Unternehmen eine zentrale Aufgabe, zu erkennen, wie die Menschen ticken, die in ihrem

> Nicht Organisation ist es, was die Unternehmen von heute und morgen am Leben hält, sondern Personen, die Visionen und Werte haben und diese glaubhaft vorleben. Menschen, die als Vorbild dienen. Echte Leader.

Unternehmen arbeiten und diese gemäß ihrer Veranlagung zu fördern. Das ist kein Nice-to-have für die After-Work-Party. Um es in aller Deutlichkeit zu sagen: Das ist eine *Kernkompetenz,* die in den Personalabteilungen angesiedelt sein *muss.* Die Aufgabenverteilung ausgehend von der Persönlichkeit der Mitarbeiter zu organisieren, ist ein *Must-have* für alle Unternehmen und nicht nur für die im Silicon Valley; zumindest dann, wenn sie Wert darauf legen, auch morgen noch am Markt zu sein.

Geld ist nicht alles

Langweilig, aber wahr: Im deutschen Personalwesen wird immer noch vorausgesetzt, dass es das Geld ist, was uns alle gleichermaßen motiviert. Dass dem nicht so ist, zeigt uns die Generation Y heutzutage nur allzu deutlich. Die Einstellungsgespräche in unseren eigenen Beratungsunternehmen drehen sich oft um ganz andere Dinge als Geld. Life-Work-Balance und die Möglichkeit, eigene Projekte organisieren zu dürfen, sind in dem Zusammenhang wichtige Stichworte. Aufgrund unserer Erfahrung können wir Ihnen versichern: Die Motive sind höchst unterschiedlich. So unterschiedlich wie Menschen eben sind. Geld ist nur eines von vielen. Aber im HR wird nach wie vor alles über einen Kamm geschert. *Immer noch.*

Die Beliebtheit der Kennzahlen wird zudem von einem nicht zu unterschätzenden Nebeneffekt massiv gefördert: *Hinter Standards kann man sich wunderbar verstecken!* Es ist ähnlich wie mit den Gutachten in der Politik. Wenn Politiker keine Entscheidung treffen möchten und schon gar nicht verantworten wollen, bestellen sie ein Gutachten. Doch diesem Versteckspiel müssen wir den Nährboden entziehen, wenn wir dem Elend in den Personalabteilungen ein Ende bereiten wollen. Glauben Sie uns: Das möchten viele! Denn wir sind nicht die Einzigen, denen aufgefallen ist, dass da etwas gehörig schiefläuft.

Russisch Roulette auf Vorstandsebene

Dennoch ist mit dieser Erkenntnis das Drama in den Unternehmen noch nicht in Gänze beschrieben, denn die Standardisierungswut zieht sich von unten über das mittlere Management bis ganz nach oben zu Vorstand und CEO. Die Tatsache, dass selbst bei der Suche nach neuen Führungspersönlichkeiten auf Standards zurückgegriffen wird, ist nicht weniger als eine Katastrophe. Dabei ist diese Art der standardisierten Auslese bei der Führungselite noch um ein Vielfaches gefährlicher als es bei Arbeitnehmern oder im mittleren Management bereits ist. Denn CEOs müssen Strategien austüfteln, Innovationen anschieben, Prozesse neu ordnen – und das oft weltweit. Doch um diesen Job wirklich gut zu erfüllen, braucht es Menschen, die nicht auf Linie getrimmt sind, es braucht *Persönlichkeiten mit Ecken und Kanten*. Menschen, die echt sind, die Marktchancen wittern, Ideen entwickeln und andere begeistern, diese mit ihnen gemeinsam umzusetzen. So wie Steve Jobs.

Stattdessen wird in der Regel bei der Personalsuche eine funktionale Auswahl getroffen: Da werden Fachkenntnisse abgeklopft, die bisherigen Erfolge in anderen Unternehmen abgefragt. Diese Recherche erledigen hochdotierte Headhunter. Die sind es auch, die die ersten Gespräche zwischen potenziellem Kandidat und Unternehmen anbahnen. Wenn es dann auf dem Papier passt und eine persönliche Empfehlung noch hinzukommt, ist die Vertragsunterzeichnung nicht mehr fern. Der Headhunter streicht sein Geld ein und ist selbst dann zufrieden, wenn der Kandidat in Wahrheit nicht passt, denn er verdient an dem Deal auf jeden Fall. Das ist wie an der Börse, bei dem die Händler an dem Hin und Her von Kauf und Verkauf der Aktien ein lebendiges Interesse haben, weil ihre Gebühren *immer* fällig werden. Sie sind immer auf der Gewinnerseite – egal, ob die Aktien steigen oder fallen. Doch ob der Headhunter dem Unternehmen die richtige Person geliefert hat, steht in den Sternen. Das Auswahlverfahren auf Vorstandsebene erinnert fatal an das Glücksspiel ‚Russisch Roulette'. Da werden Manager der unterschiedlichsten Posten hin- und hergeschoben, als ginge es nur darum, irgendeine Lücke zu füllen. Dabei durchzieht ein Grundfehler alle Rekrutierungsverfahren: Es wird fälschlicherweise davon ausgegangen, dass jemand, der im Topmanagement gearbeitet hat, die Führungs- und Managementtechniken drauf hat und diese überall, also in *jedem* Unternehmen

– egal, was dort produziert oder welche Dienstleistung angeboten wird – anwenden kann. Das kann gut gehen oder nicht. Oft geht es nicht gut. Doch wenn ‚da oben' am Ende etwas nicht zusammenpasst, handelt es sich bei den Folgen der Fehlbesetzung nicht allein um einen persönlichen Karriereknick. Wenn in dem Dreieck von Unternehmenskultur, Aufgabe und dem Menschen auf der höchsten Entscheidungsebene die Chemie nicht stimmt, verursacht das Kosten mit mehreren Nullen vor dem Komma oder führt im schlimmsten Fall bis zum Unternehmenskollaps. Exitus durch Zufall wie beim Russisch Roulette.

> Ein Grundfehler durchzieht alle Rekrutierungsverfahren: Es wird stillschweigend davon ausgegangen, dass jemand, der im Topmanagement gearbeitet hat, die Führungs- und Managementtechniken drauf hat und diese überall, also in *jedem* Unternehmen – egal, was dort produziert oder welche Dienstleistung angeboten wird – anwenden kann.

Der Heiland kommt

Dabei gleichen sich die Dramen auf der Vorstandsebene so sehr, dass man längst hätte aufhorchen und sich fragen müssen, warum sich diese Tragödien so oft wiederholen. Die Sache läuft nach dem immer gleichen Muster ab: Phase eins beginnt damit, dass wir in der Wirtschaftspresse lesen, dass es einem Unternehmen nicht gut geht, aber der Retter naht. Der Mann wird in den höchsten Tönen gelobt.[35] Es wird erzählt, was er in der Vergangenheit alles geleistet hat. Die fantastische Ausbildung mit Stationen in Harvard, Cambridge oder St. Gallen wird herausgestellt. Dann, in Phase zwei, kommt der ‚Heiland' persönlich ins Unternehmen, alle setzen große Hoffnungen auf ihn. Er versucht nun, die Erfolge aus der Vergangenheit zu reproduzieren. Doch diese Erfolge basierten auf einer ganz anderen Situation: einer ganz bestimmten Unternehmenskultur, einem spezifischen Markt und auf einem eingeschworenen Team, das ihn unterstützte. Auch seine Persönlichkeit passte. Alles war im Flow. Jetzt aber nicht mehr. In Phase drei machen daher die ersten unternehmensinternen Reibereien die Runde und werden auf dem Flurfunk hinter vorgehaltener Hand brühwarm weitergegeben. Da, wo nach außen die ersten Risse sichtbar werden, setzen verschämte Reparaturmaßnahmen ein. Wenn es nicht passt, wird es eben passend gemacht. Der Mann wird einem Notprogramm unterzogen, mit anderen Worten: Er wird gecoacht, ihm wird eingehämmert, wie er zu funktionieren hat.

Die Fassade aufrechterhalten

Wer bei diesem Elend aus nächster Nähe zusieht, erkennt: Dieser Mensch fühlt sich nicht wohl in seiner Haut. Kein Wunder, dass es bei der Umsetzung der Ziele hapert, irgendwie nicht richtig klappt. Auch der, dem das Coaching gilt, spürt das sehr genau, spürt die fremden Erwartungen, die nicht die seinen sind. Parallel dazu tut das Umfeld alles, damit die Unstimmigkeiten zwischen dem einstigen Messias, der Unternehmenskultur und den Aufgaben nach außen nicht sichtbar werden. Interviews und Statements des ehemaligen Heilsbringers werden geglättet, an die Wirtschaftspresse werden gekonnt Informationen lanciert, die das Image mühsam aufrechterhalten. In Phase vier dämmert die Erkenntnis: „Der passt nicht zu uns." Trotzdem lässt man es noch eine Weile laufen, auch wenn die letzten Hoffnungen längst zerstoben sind. Dann folgt die letzte Phase: Der entmachtete Hoffnungsträger wird zum Typen, den man unbedingt loswerden will wie die Kakerlake in der Küche. An Journalisten werden pikante Details durchgestochen, die das Versagen belegen. So wird der Messias schrittweise demontiert, damit der Weg für den nächsten Retter geebnet werden kann. Es ist wie bei Monopoly. Gehe zurück auf Start. Das Spiel kann erneut

Dabei gleichen sich die Dramen auf der Vorstandsebene so sehr, dass man längst hätte aufhorchen und sich fragen müssen, warum sich diese Tragödien so oft wiederholen. Doch die Frage wurde nie gestellt, weil man die Antwort darauf fürchtete.

beginnen. Das geschieht nach unserer Erfahrung etwa im Rhythmus von zwei Jahren. Wir wissen auch, wie das auf die Mitarbeiter wirkt: Die rollen oft nur noch mit den Augen, wenn wieder jemand Neues präsentiert wird, der es angeblich richten soll. Ihr Glaube an eine positive Wende ist längst verloren. Gelangweilt machen sie ihren Job. Motivation sieht anders aus.

Der Nachlass: ein Trümmerfeld

Es mangelt nicht an Beispielen für diese permanente Rolle rückwärts in deutschen Unternehmen und Konzernen. Die Wirtschaftsberichterstattung ist voll davon. Wir möchten an dieser Stelle nur an zwei erinnern: Thomas Middelhoff, einst gefeierter Medienstar, musste das Feld räumen, weil dieser risikofreudige Spielertypus, der sogar die rote Linie zur Kriminalität überschritt, angeblich nun doch nicht zum ‚Familienunternehmen‘ Bertelsmann passte.[36] Vermutlich wäre er an der Börse glücklicher geworden als bei Arcandor und Bertelsmann.

Mehdorn und die Deutsche Bahn

Oder Hartmut Mehdorn, der die Deutsche Bahn ummodelte, bis dass der Spruch „Pünktlich wie die Eisenbahn" einfach nicht mehr stimmte, weil das technische Personal, das in der Vergangenheit für pünktliche und einwandfrei funktionierende Züge gesorgt hatte, schlicht wegrationalisiert worden war. Unglücklicherweise wurden zugleich auch noch die Investitionen in die Infrastruktur zurückgefahren.[37] Auf dem Papier sollte die Deutsche Bahn vor dem Börsengang mit Top-Kennzahlen aufwarten. So konnten wir miterleben, was passierte, wenn ein Staatsunternehmen, das zuvor wie eine Behörde geführt worden war, auf Börsengang getrimmt wurde. Unternehmen und die Person an der Spitze fanden nicht zusammen. Das Ergebnis kennen wir alle. Die Bahn fuhr lange den roten Zahlen hinterher, bis diese sich auf eine Summe von rund 20 Milliarden Euro bezifferte.[38] Finanziell wurde zwar inzwischen der Turnaround geschafft,[39] doch von der Geschichte hat sich die Deutsche Bahn bis heute nicht ganz erholt. Sie fährt nach wie vor Beschwerden der Kundschaft ein wie andere Unternehmen Gewinne. Im Ausland nahm man das erschrocken oder – je nach Perspektive – amüsiert zur Kenntnis, weil die Deutsche Bahn immer als Paradebeispiel für die deutsche Mentalität gegolten hatte, in der Pünktlichkeit und Zuverlässigkeit hohe Güter sind.

Angesichts der Erodierungsprozesse bei der Deutschen Bahn waren nicht wenige im Ausland verblüfft und fragten sich erstaunt, ob man in Deutschland mit dem Thema Zeit nun so lässig umging wie im Dolce Vita verwöhnten Italien? Nein, sagen wir. Der Grund war ein anderer: Mensch und Unternehmen haben einfach nicht zusammengepasst. Und wer sich die Mühe gemacht hätte, hätte das auch wissen können. Denn es gibt Möglichkeiten, die Persönlichkeit eines Kandidaten und dessen Motivation zu erkennen. Da diese Motivation nicht veränderbar ist – veränderbar ist nur das Verhalten –, sollte die Persönlichkeit bei der Auswahl von Spitzenpositionen in Zukunft beachtet werden und im Bewerbungsverfahren nicht bei einem netten Geschäftsessen unter ‚ferner liefen‘ abgehakt werden. Schließlich ist es nicht so, dass die Motive von Menschen unergründlich sind und der Deutung bedürften wie der Kaffeesatz beim Wahrsager. Da die *Motivationsanalyse* in vielen deutschen Unternehmen nicht bekannt ist und wir das mit diesem Buch ändern möchten, gleicht die heutige Personalauswahl einem Roulette. Dabei haben deutsche Unternehmen in dem Spiel bisher wenig Glück gehabt.

So kam es, wie es kommen musste: Die Trümmerfelder, die in deutschen Unternehmen hinterlassen wurden, sprechen Bände. Das passiert, weil Top-Leute mit viel Kompetenz oft mit Aufgaben betreut werden, die überhaupt nicht zu ihrer Persönlichkeit passen. Ein

> Unsere Motivation ist nicht veränderbar.[40] Veränderbar ist nur das Verhalten. Daher sollte in Zukunft die Persönlichkeit bei der Auswahl von Spitzenpositionen beachtet werden und im Bewerbungsverfahren nicht bei einem netten Geschäftsessen unter ‚ferner liefen‘ abgehakt werden.

42

wahres Trauerspiel. Traurig für die Unternehmen. Traurig für den Mann oder die Frau an der Spitze.

Wir müssen in diesen Tagen nur auf die Automobilbranche schauen und dürfen uns dabei ruhig einmal die Frage stellen, wer da nicht zu welchem Unternehmen und welcher Aufgabe gepasst hat, sodass am Ende einer der größten Betrugsfälle in der deutschen Wirtschaftsgeschichte stand. Wer aber glaubt, dass sich das Thema allein auf den VW-Konzern fokussiert, ist einfach nur naiv. Es ist offensichtlich: Lügen kann zur festen Struktur werden und sogar eine ganze Branche erfassen. Über viele Jahre. Nach außen hin wird es passend gemacht, bis es auseinanderbricht. Doch der Spruch „Lügen haben kurze Beine" hat sich erneut bewährt. Darum sagen wir: Die Auswahlverfahren müssen sich dringend ändern. Denn irgendwann fliegen Fremd- und Selbstbetrug auf. *Garantiert.* Mit verheerenden Folgen für das Unternehmen, dem Mann auf dem Chefposten und für die Menschen, die in dem Unternehmen arbeiten. Deswegen muss die Unternehmensführung in Zukunft wissen, wer da an Deck kommt. Die Persönlichkeit des Kapitäns sollte keine unbekannte Größe mehr sein, wenn ihm das Ruder eines großen Unternehmensfrachters anvertraut wird. Es macht schließlich einen Unterschied, ob ein Psychopath das Team sprengt oder ob wir es mit einem ausgesprochenen Teamplayer zu tun haben.

Die Trümmerfelder, die in deutschen Unternehmen regelmäßig hinterlassen werden, sprechen Bände. Das passiert, weil Top-Leute mit viel Kompetenz in einem Unternehmen eingesetzt und mit Aufgaben betreut werden, die nicht zu ihrer Persönlichkeit passen.

Die Frage nach der Persönlichkeit des Bewerbers sollten wir nicht weiter dem gnädigen oder weniger gnädigen Zufall überlassen. Die Motive, die einem Menschen wichtig sind, zu kennen, bedeutet zu wissen, *was der andere im Leben will.* Die Motive verraten uns, wie er das Unternehmen lenken wird. Das Unternehmen muss sich beim Kandidaten sicher sein: Ist es wirklich die Art, die zu uns passt? Die zur Situation passt? Die zur Herausforderung und zum Team passt?

Die Motive, die einem Menschen wichtig sind, zu kennen, bedeutet zu wissen, *was der andere im Leben will*. Die Motive verraten uns, wie er das Unternehmen lenken wird.

Ist er der Richtige für diese Aufgabe? Wenn da Zweifel sind, muss die Suche weitergehen. Zum Wohle des Unternehmens und zum Wohle des Kandidaten.

Sicher, es gibt viele Situationen im Unternehmensalltag, die so gut organisiert sind, dass die Persönlichkeit des CEO kaum eine Rolle spielt. Doch wenn er unter Druck gerät, ist das anders. Denn wenn Menschen unter Druck geraten, greifen sie auf ihre ursprüngliche Motivation zurück, oft können sie dann in der Tat *nicht anders*, schließlich kommen wir nicht als ‚Tabula rasa‘, als leeres Blatt, auf die Welt. Unsere Persönlichkeit muss zum Unternehmen und der Aufgabe, die wir erfüllen sollen, passen. Das, was den *Kern* unserer Persönlichkeit ausmacht, entscheidet darüber, ob wir bestimmten Aufgaben gewachsen sind oder ob wir scheitern.

Die Persönlichkeit des Kapitäns sollte in Zukunft keine unbekannte Größe mehr sein, wenn ihm das Ruder eines großen Unternehmensfrachters anvertraut wird. Die Motive, die einem Menschen wichtig sind, zu kennen, bedeutet zu wissen, *was der andere im Leben will*.

Deswegen sollten wir uns selbst besser kennen und uns die richtigen Aufgaben suchen. Dann wird unsere Arbeit von Erfolg gekrönt sein.

Dieser Motivation sollten wir uns bewusst sein, wir sollten sie nicht verdrängen oder mit Umerziehung, gemeinhin Coaching genannt, den Weg verstellen. Wir sollten unsere Lebensmotive akzeptieren, denn das macht uns aus. Im Positiven wie im Negativen.

Die Kraft der Persönlichkeit

Steve Jobs hat sich offenbar selbst gut gekannt. Viele hielten ihn für einen genialen Techniker. Das war er nicht. Das waren andere, die im Hintergrund blieben. Doch er war ein Meister der Inszenierung und ein genialer Motivator.[41] Das wusste er und nutzte es. Seine

Auftritte mochte nicht jeder. Manche haben sich abgewendet angesichts seiner egomanisch anmutenden Performance bei den neuen Apple-Produktvorstellungen. Millionen aber haben ihn verehrt wie einen Propheten, der uns den Weg ins digitale Zeitalter wies. Als das iPhone 2007 das Licht der Welt erblickte, schaffte es Steve Jobs aufgrund seiner charismatischen Ausstrahlung, dass die Konsumenten seiner Vision folgten und in den Apple Store in New York strömten, als ob sie mittelalterliche Pilger seien, die den Schrein der Heiligen Drei Könige im Kölner Dom bestaunen wollten. Der hatte einst auch Millionen Menschen nach Köln gelockt. Der Unterschied war nur, dass in dem New Yorker Store auf der 5th Avenue nicht die Knochen von Kaspar, Melchior und Balthasar angehimmelt werden konnten, sondern das neue iPhone. Wer den New Yorker Store betrat, während er zuvor mit den anderen Apple-Gläubigen dem Einlass stundenlang entgegengefiebert hatte, konnte unschwer erkennen, dass das Produkt, das „die Welt verändern wird" (O-Ton Steve Jobs)[42], in diesem Tempel des Konsums wie ein Heiligtum inszeniert worden war und von denen, die mit nahezu religiöser Inbrunst an das neue Produkt glaubten, verehrt wurde wie von Moslems die Kaaba in Mekka.

Doch nicht nur die Kunden folgten seinen Worten. Das Gleiche taten auch die Mitarbeiter.

Wie konnte Steve Jobs Millionen Menschen derart mobilisieren?

Wir sagen: Er hat das Kraft seiner Persönlichkeit geschafft. Doch um erfolgreich zu sein, braucht jede Person das richtige Umfeld. Steve Jobs ist das perfekte Beispiel dafür, dass es die Persönlichkeit ist in Verbindung mit der Aufgabe, die es zu bewältigen gilt, die darüber entscheidet, ob wir versagen oder nicht. Wenn es passt, wird ein Versager zum Performer. Steve Jobs war ein Schulversager. Das teilt er mit vielen berühmten Menschen: Thomas Mann, Winston Churchill, Bill Gates – allesamt fielen sie durch das schulische Raster.[43] Doch sie haben Großes in ihrem Leben geleistet. Weil sie die Aufgabe fanden, die zu ihrer Persönlichkeit passte.

Dabei ist eines für den großen Erfolg ganz wichtig: *Authentizität*. Nicht jeder muss uns mögen. Aber die Menschen, die uns mögen,

Das, was den *Kern* unserer Persönlichkeit ausmacht, entscheidet darüber, ob wir bestimmten Aufgaben gewachsen sind oder ob wir scheitern. Deswegen sollten wir uns selbst besser kennen und uns die richtigen Aufgaben suchen. Dann wird unsere Arbeit von Erfolg gekrönt sein.

die wir begeistern, die wir mitreißen und motivieren, sollten es nicht mit einem Scheinbild zu tun haben, das den asiatischen Schattenfiguren an der Wand gleicht, sondern mit uns als Mensch – *so wie wir sind.* Wer weiß, wer er ist, kann auch Misserfolge leichter schultern und sich selbst verzeihen. Das ist ganz wichtig, um neu anfangen zu können. Und neu anfangen, müssen wir immer wieder im Leben.

Das hat auch Steve Jobs erfahren. Im Rückblick, so erzählt er auf einer Examensfeier an der Universität in Stanford, waren die Reinfälle seines Lebens die größten Glücksfälle.[44] Als er bei Apple rausgeschmissen wurde – immerhin das Unternehmen, das er selbst gegründet hatte – schaffte sein Scheitern den notwendigen Freiraum, um ganz neu nachzudenken, tief in sich hineinzuhorchen und dadurch ganz neue Wege zu finden. Wege, die die Manager bei Apple später dazu brachten, ihn zurückzuholen und damit die erfolgreichste Zeit des Unternehmens einzuläuten. Diese Erfahrung brachte Steve Jobs zu folgender Einsicht:

„Wenn du erfolgreich sein willst, folge deinem Herzen. Man muss das im Leben machen, was man liebt. Alles andere ist Zeitverschwendung. Was andere davon halten, ist egal. Denk daran: Deine Zeit ist begrenzt. Insofern ist der Tod ein gewinnbringendes intellektuelles Konzept. Es erinnert dich daran, dass das Leben viel zu kurz ist, um das Leben eines anderen zu leben!"[45]

Dem ist nichts hinzuzufügen. Denn wer so lebt, ist authentisch, weil er auf sein Inneres hört. Er ist zudem glaubwürdig, denn sein Sprechen und Handeln sind im Einklang. Ein solcher Mensch ist in der Lage, andere Menschen zu führen. Aufgrund der Kraft seiner Persönlichkeit.

3. Falsche Leitbilder ruinieren Ihr Image

Sie stehen im Aufzug eines Fünf-Sterne-Hotels. Leise rieselt die Musik aus dem Lautsprecher. Sie gehen in den Supermarkt, und während Sie an der Fleischtheke darauf warten, Ihre Bestellung abzugeben, werden Sie mit lizenzfreier Musik beschallt. Sie setzen sich ins Taxi und dürfen Anteil nehmen am Musikgeschmack des Fahrers, der orientalische Klänge bevorzugt. Sie flanieren über eine Einkaufsmeile in Brüssel oder Hamburg und hören – richtig geraten – unidentifizierbare Musikgeräusche, die Ihre Shopping-Tour begleiten. Am Abend suchen Sie ein italienisches Restaurant auf und hören dort Eros Ramazotti. Es wird nicht das letzte Lied von Ramazotti an diesem Abend sein.

Haben Sie den Eindruck, dass diese Musik Sie unterhält? Nein? Dann hilft Ihnen die Musik vielleicht dabei, den Charakter des Hotels, des Supermarktes, des Taxifahrers oder der Stadt Brüssel zu entschlüsseln? Auch nicht? Vielleicht speichern Sie die Musik irgendwo in Ihrem Kopf, und Sie können sich dann besser an das Hotel, das Restaurant oder den Supermarkt erinnern.

Nein?

Die Lufthansa aber glaubt fest daran, mit einem wiedererkennbaren Klang erst Ihr Ohr zu entern und sodann Ihre Erinnerung. Das nennen wir mutig oder naiv – je nach Perspektive. Angesichts der tausend Geräusche und Klangteppiche, die das moderne Leben alltäglich produziert und zu unserem ständigen Begleiter werden lässt, einem Begleiter, der mehr einem Stalker ähnelt, scheint dies ein aussichtsloses Unterfangen zu sein. Und so fragen wir voller Zweifel: Gegen all diesen Lärm soll ein kurzer Sound, der nur aus wenigen Tönen besteht, anstinken können und zur Wiedererkennung beitragen?

Die Lufthansa aber ist optimistisch, dass ihr genau das gelingt. Sie hat einen Mini-Sound kreieren lassen, den sie als Teil ihrer

Unternehmensidentität begreift. Auf ihrer Webseite bezeichnet das Flugunternehmen die Unternehmensidentität lieber mit dem englischen und trendiger klingenden Ausdruck ‚Corporate Identity‘. Und weil sie schon mal dabei war, hat die Lufthansa neben diesem Sound noch einen ‚electrolounge groove‘, einen ‚electrolounge beat‘ und einen ‚electrolounge space‘ komponieren lassen und selbstverständlich auch einen ‚Corporate Sound‘ als Klingelton für die App.[46] Das Flugunternehmen nennt das die ‚Klangwelt der Lufthansa‘. Da haben offensichtlich Marketingexperten dem Vorstand etwas ins Ohr geflüstert. Das Problem aber ist: Die Sache überzeugt nicht. Selbst wenn irgendwann durch häufige Wiederholung und einem eingängigen Sound ein Wiedererkennungseffekt eintreten sollte und sich der berühmte Aha-Effekt entfaltet, wie bei den Klängen zu Beginn der Tagesschau oder des Tatorts, fragen wir uns, was dadurch gewonnen wird im Hinblick auf die Unternehmensidentität? Der Kunde weiß dann vielleicht, dass er sich in der VIP-Lounge der Lufthansa befindet, aber weiß er aufgrund des Sounds, wofür die Lufthansa steht? Ganz sicher nicht, denn das erfährt er nur durch den direkten Umgang mit dem Unternehmen: Wie die Qualität der Dienstleistung ist, das Verhalten des Personals bei Buchung und Abfertigung am Flughafenschalter und der Betreuung während des Flugs. Dann weiß er, wie die ticken, wie der ‚Spirit‘ des Unternehmens ist. Ein Sound hilft da herzlich wenig. Er kann höchstens Begleitmusik sein. Die Schaffung einer Unternehmensidentität jedenfalls funktioniert grundsätzlich anders.

Unternehmensidentität dem Zufall überlassen?

Die Geschichten aus der Welt des Marketing erinnern uns irgendwie an Weihnachten, wenn jedes Geschenk aufwendig eingepackt wird, die Enttäuschung aber umso größer ist, je pompöser und vielversprechender die Verpackung ist, aber das, was darin ist, das Versprechen nicht einlösen kann. *Wieder nur Socken.*

So ist das auch mit der vielgepriesenen Unternehmensidentität, wie wir lieber auf Deutsch sagen, wenn um diese mit Werbung und strategischem Marketing viel Aufhebens gemacht wird, um Kunden und Geschäftspartnern zu erklären, *wer das Unternehmen ist und wofür es steht.* Die sehen, wenn sie die Verpackung eines Unternehmens betrachten, ein schönes Logo, einen hübschen Namen, knallige Farben und hören einen eingängigen Sound. Doch Kunde und Geschäftspartner wissen dann immer noch nicht, mit *wem* sie es zu tun haben, selbst dann nicht, wenn ihnen bekannt ist, was das Unternehmen herstellt oder welche Dienstleistung es anbietet. Die Verpackung kann nur dann eine sinnvolle Ergänzung sein, wenn die Führungsspitze und das Personal *Werte* definiert haben, die mit ihren *Motiven* in Einklang stehen, diese kennen und sie jeden Tag bei der Ausübung ihres Berufs *leben.* Ohne das bleibt die Unternehmensidentität eine leere Hülle. So wird die Identität dem Zufall überlassen.

> Die Unternehmensidentität ist eine leere Hülle, wenn die Verpackung nicht mit den tatsächlichen Unternehmenswerten verbunden ist. Die Unternehmensidentität ist dann dem Zufall überlassen.

Gelesen, gelacht, gelocht

Wir finden es daher sinnvoller, wenn Sie nicht mit der Verpackung beginnen, sondern mit dem Inhalt. Also, anders als beim Zwiebel schälen, sich nicht von außen nach innen, sondern von innen nach außen bewegen. Jeder im Unternehmen sollte wissen, welche Identität das Unternehmen hat und wofür es steht. Vor allem sollte das einer wissen: der Geschäftsführer, der Inhaber, der Vorstandsvorsitzende. Und da fangen die Ungereimtheiten an, denn in der Beratung merken wir oft: *Da gibt es ein Problem.* Die Frage nach der Unternehmensidentität stürzt so manche Führungsperson in eine tiefe Sinnkrise. Eine einfache Frage, doch die Antwort scheint oft sehr schwer zu sein. Schließlich

> Eine Unternehmensidentität braucht einen Anfang, eine Herkunft, eine Geschichte und eine Tradition. Identität schreit nach Authentizität. Identität muss *echt* sein.

kann man sich eine Unternehmensidentität nirgendwo leihen oder kaufen. *Denn eine Unternehmensidentität braucht einen Anfang, eine Herkunft, eine Geschichte und eine Tradition.* Ansonsten ist das Ganze nicht glaubwürdig. Ohne Glaubwürdigkeit aber können Sie einpacken. Da helfen weder Logos noch Farben. Identität schreit nach Authentizität. Sie muss *echt* sein.

Leitbilder brauchen Motive

Wenn das Stichwort ‚Inhalt' fällt, nicken viele Führungspersonen mit dem Kopf und zeigen uns stolz ihre Leitbilder, die selbstverständlich nicht nur in den Werbebroschüren stehen, sondern auf der Unternehmenswebseite sogar eine eigene Rubrik haben. Wir sind dann immer ein wenig ratlos, wie wir reagieren sollen, denn zunächst einmal ist es ein gutes Zeichen, wenn man sich im Unternehmen um die Werte, die das Unternehmen tragen, Gedanken gemacht hat. Aber leider kommen wir mit den üblichen Leitbildern dem Kern, um den es in Wahrheit geht, keinen Schritt näher. Leitbilder sind, wir müssen es leider sagen, oft Blendwerk, Ablenkungsmanöver, Schall und Rauch. Sonntagsreden, die gehalten werden, um vergessen zu werden. Sprüche fürs Poesiealbum zum Träumen. In der Praxis taugen sie herzlich wenig, weil sie meistens am Eigentlichen vorbeigehen – und das sind die *Motive der Menschen*, die in dem Unternehmen arbeiten, die mit den Motiven und den daraus abgeleiteten Werten des Unternehmens in Einklang stehen sollten. Wenn das nicht der Fall ist, sind Leitbilder, trotz vieler Worte, nichts wert. Denn sie sind ohne Kontakt zu den tatsächlichen Unter-

> Leitbilder sind oft Blendwerk, Ablenkungsmanöver, Schall und Rauch. Sonntagsreden, die gehalten werden, um vergessen zu werden. Sprüche fürs Poesiealbum zum Träumen. In der Praxis taugen sie herzlich wenig, zumindest dann, wenn sie nicht mit den Motiven des Unternehmenslenkers und der Mitarbeiter übereinstimmen und die damit verbundenen Werte nicht gelebt werden.

nehmensinhalten. Ein wichtiges Indiz, dass die Leitbilder nur leere Worte sind, ist es, wenn sie von der Marketingabteilung entwickelt werden, ohne die Führungsspitze und die Mitarbeiter einzubeziehen.

Leitbilder können nur dann eine Wirkung entfalten, wenn sie mit echtem Leben gefüllt werden. Und das können nur Menschen, nicht Papiere. Wenn die Unternehmensspitze die Werte die im Leitfaden dargestellt werden, vorlebt, gewinnen sie an Glaubwürdigkeit, zuerst bei den Mitarbeitern, dann auch bei Kunden und Geschäftspartnern. Ist das Leitbild nicht unmittelbar mit den wirklichen Motiven derjenigen verbunden, die im Unternehmen arbeiten, sind sie nicht das Papier wert, auf dem sie geschrieben sind. Dann wird mit ihnen zu Recht so verfahren, wie es in einem kurzen Witz über den Umgang mit unnützen bürokratischen Unterlagen ausgedrückt ist: *gelesen, gelacht, gelocht.*

Starbucks zeigt, wie es nicht geht

Ein gutes Beispiel für ein nicht funktionierendes Leitbild ist Starbucks. Die Webseite des amerikanischen Konzerns ist beeindruckend, die Grundsätze, sozusagen die Verfassung des Unternehmens, sind es nicht weniger. In der Rubrik ‚Verantwortung‘ heißt es:

„Es hat schon immer zu unserer Philosophie gehört, verantwortungsbewusst zu handeln und uns so zu verhalten, dass unsere Gäste und die Gemeinschaften, in deren Mitte wir uns befinden, uns vertrauen und respektieren können. Das reicht von der Gewährleistung angenehmer Arbeitsbedingungen bis hin zur Bereitstellung von Nährwertinformationen für unsere Produkte."[47]

Das klingt zu schön, um wahr zu sein.

Tatsächlich ist es auch nicht wahr, wie die investigativen Reporter Luc Herrmann und Gilles Bovon herausfanden[48]. In dem Film ‚Starbucks ungefiltert‘, der auf arte ausgestrahlt wurde, nähern sie sich der Realität eines Konzerns, der seit der Übernahme durch Howard Schulz im Jahr 1982 zu einem weltweit umspannenden Konzern mit einem Nettoumsatz im Geschäftsjahr 2016/2017 auf rund 20,23

Milliarden Euro[49] anwuchs und die Kaffeehauskultur in vielen Ländern von Grund auf änderte.

Gemeinsam mit den Filmemachern schauen wir auf Starbucks. Knöpfen wir uns zunächst das Thema Arbeitsbedingungen vor. *Angenehme Arbeitsbedingungen sollen es also sein.* Das war ein besonderes Anliegen des Unternehmenslenkers Howard Schulz, der sich bis zu seinem Abgang im Juni 2018 als Unternehmer mit sozialem Gewissen inszenierte, einer, der von ganz unten gekommen war und nun an der Führungsspitze eines weltweiten Konzerns ein Chef mit Herz sein wollte[50]. Angemerkt sei, dass Schulz sich von der Konzernspitze zurückzog, um, wie man munkelt, bei der nächsten Präsidentenwahl Donald Trump herauszufordern.[51] Umso interessanter erscheint es uns, diesen Mann auf seine Glaubwürdigkeit als Unternehmer abzuklopfen. Wir wollen schauen, wie es um die Unternehmensidentität bei Starbucks bestellt ist. Denn die Glaubwürdigkeit ist die Währung, in der die Unternehmensidentität bezahlt werden muss. Diesem Glaubwürdigkeitstest kann sich kein Unternehmer in digitalen Zeiten entziehen. Wenn etwas nicht stimmt, sind die sozialen Netzwerke voll. Kunden und Mitarbeiter berichten. *Positiv wie negativ.*

Deswegen fragen wir: *Stimmt das mit den angenehmen Arbeitsbedingungen?*

Amerikanische Unternehmen haben es gewöhnlich nicht so mit dem Sozialen, dafür aber umso mehr mit dem Profit. Insofern ist die Festanstellung, die Starbucks jedem Mitarbeiter nach einem Jahr als Praktikant anbietet, wirklich etwas Besonderes. Genauso verhält es sich auch mit der von Starbucks offerierten Krankenversicherung. Das ist, man muss es ausdrücklich sagen, in der Hire-and-fire-Mentalität, die im amerikanischen Business üblich ist, keine Selbstverständlichkeit. Hinzu kommen kleine Anteile an den Aktien des Unternehmens für jeden Mitarbeiter.[52] Ein weiteres soziales Highlight ist das Angebot des Konzerns, die Hochschulgebühren der Arizona State University zu übernehmen, falls ein Angestellter neben der Arbeit studieren möchte.[53] Ein großzügiges Angebot; vor allem in Amerika, einem Land, das sich bis heute mit der von Präsident Obama eingeführten Krankenversicherung schwertut, weil viele

Amerikaner bei deren Einführung europäischen Sozialismus witterten, der, wie nicht wenige Amerikaner meinen, einfach nicht zu ihnen passt.

Also alles wunderbar? Glaubwürdigkeitstest bestanden?

Leider nein. Der Film offenbart die Kehrseite der Medaille. In der Fernsehdokumentation erzählt ein führender Mitarbeiter, dass der Job bei Starbucks der härteste Job seines Lebens sei.

Wie das?

Die Privilegien klingen doch eher nach Sofa und Entspannung und viel Sicherheit. Dem ist aber nicht so, zumindest wenn man dem Mann und anderen Angestellten glauben darf. Dieser Zeuge berichtet im Film, dass sich der Job anfühle, als ob man 15 Dinge gleichzeitig machen müsse. Der ‚Barista‘, also derjenige, der eigentlich für die Herstellung der unterschiedlichsten Kaffeespezialitäten zuständig ist, muss, neben seiner Tätigkeit an der Theke, auch die Toiletten putzen und die Geschäftsräume reinigen; und zwar mehrmals am Tag. *Genau genommen: ständig.* Weil Sauberkeit bei Starbucks oberste Priorität hat. Eigene Reinigungskräfte gibt es nicht.[54] Toiletten putzen und danach angeblich mit viel Liebe und Können Kaffee wie ein Barista zuzubereiten, ist zumindest eine ungewöhnliche Arbeitsplatzkombination. Doch damit nicht genug. Die Baristi sind auch für die Erschaffung des sogenannten ‚dritten Raums‘ zuständig, eines Wohlfühlraums, der angesiedelt ist auf dem Weg zwischen den eigenen vier Wänden und dem Büro. Die Erfindung des dritten Raums ist dabei der Tatsache geschuldet, dass sich immer mehr Amerikaner in ihre privaten Räume zurückziehen. Mit dem dritten Raum will man sie wieder vom Sofa locken und in öffentliche Räume bringen, damit sie dort Kaffee in allen Spielarten konsumieren: Latte macchiato, Cappuccino, Espresso.

Der Kunde und der dritte Raum

Nach der Philosophie von Starbucks soll der dritte Raum von den Mitarbeitern erschaffen werden, in dem die Angestellten die Kunden zunächst nach ihrem Vornamen fragen, diesen auf den Pappbecher kritzeln und ihn fortan mit seinem Namen ansprechen. Wenn der Kaffee dann zubereitet ist, wird der Kunde namentlich aufgerufen, damit er diesen an der Theke abholen kann und sich sodann in gemütliche Sitzecken mit Sofa und runden Tischen sowie freiem WLAN-Zugang hinsetzen kann. Dabei darf der Barista nicht vergessen, die Kunden immer wieder anzulächeln oder persönlich anzusprechen, während sie sich in den Räumen von Starbucks aufhalten.[55] Gleichwohl ist der Ausdruck Barista, den Starbucks wohl allein aus Marketinggründen den Mitarbeitern an der Theke verpasst hat, im Grunde genommen lächerlich. Denn der angebliche Barista ist bei dem Konzern zum Knöpfchendrücker mutiert – anders als in Italien. Da tanzt der Barista tatsächlich noch ‚Tango mit der Maschine‘. In einer genauen Bewegungsabfolge wird der Kaffee gemahlen, die Tassen heiß durchgespült und mit dem Milchschaum obendrauf ein kleines optisches Kunstwerk geschaffen. Bei Starbucks aber hat der Kontakt mit dem Kunden wenig mit dem charmanten Austausch zu tun, wie es in italienischen Kaffeehäusern üblich ist. Denn für den Barista geschieht das alles in einem atemberaubenden Tempo. Der elektronische Timer, der alle Einsatzzeiten misst – beim Auspacken der Ware, beim Bedienen an der Theke und beim Reinigen der Räume –, ist immer dabei. Ständig elektronisch verfügbar sind auch die Einnahmen, die möglichst über jenen desselben Tages im Jahr zuvor liegen sollen. Viele verdienen bei diesen eng getakteten Arbeitsstunden nicht mehr als 1.100 € bei einer 35-Stunden-Woche.[56] Die meisten bekommen am Ende des Monats sogar noch weniger, weil der Bedarf der Kräfte elektronisch angepasst wird, und so kommen viele Mitarbeiter nur auf eine 20-Stunden-Woche, mit der sie kaum eine Familie ernähren können.[57] Glaubt man den Berichten im Film, bedeutet ein solcher Arbeitszeiteinsatz hochgradigen Stress während des Einsatzes und bei Nicht-Einsatz unbezahlten Leerlauf. Hinzu kommen gesundheitliche Probleme, weil das ständige Stehen den Rücken sehr belastet,[58] mehr als eine kurze Pause aber nicht drin ist.[59]

Die Arbeitsbedingungen scheinen also nicht ganz so rosig zu sein, wie es im Leitbild dargestellt wird. Wie aber sieht es beim Umgang mit dem Kunden aus? Kann Starbucks hier punkten? Der Konzern will seinen Gästen mit Respekt begegnen, die Kunden sollen Starbucks vertrauen. Große Worte. Im Leitbild heißt es:

„Es hat schon immer zu unserer Philosophie gehört, verantwortungsbewusst zu handeln und uns so zu verhalten, dass unsere Gäste und die Gemeinschaften, in deren Mitte wir uns befinden, uns vertrauen und respektieren können."

Eine Journalistin, die ein Praktikum bei Starbucks absolvierte, recherchierte, wie es bei Starbucks wirklich zugeht. Im Film können wir die heimlichen Mitschnitte sehen. Das Verwirrspiel mit dem Kunden – andere würden das Betrug nennen – beginnt demnach schon bei der Bestellung.[60] Der Kunde wird gefragt, ob er einen Kaffee mittlerer Größe möchte, bekommt aber den größten Becher gezeigt. Der größere Kaffee aber ist selbstverständlich teurer. Von diesen Tricks merkt der Kunde aber nichts. Er wird sodann einem Bombardement an Fragen unterzogen: Ob er den Kaffee extra stark möchte, Mandelmilch oder andere Milchsorten im Kaffee wünscht, mehr Schaum als üblich will und vielleicht auch noch Karamellsirup obendrauf. Dabei wird dem Kunden nicht erklärt, dass es sich nicht um Varianten handelt, die im Preis inbegriffen sind, sondern um Extraleistungen, die das Getränk jeweils verteuern.[61] Vermutlich kommen da nicht nur bei uns Zweifel auf, ob das mit dem Respekt vor dem Kunden ernst gemeint ist.

Fair geht anders

Wenden wir uns dem Kernprodukt zu, dem Kaffee. Geht es bei der Herstellung des Kaffees fair zu – so wie im Leitbild behauptet? In der Rubrik Verantwortung jedenfalls steht:

„Wir streben danach, Kaffee zu kaufen und anzubieten, der die höchsten Qualitätsansprüche erfüllt, aus nachhaltigem Anbau stammt und ethisch gehandelt wird, um den Kaffeefarmern zu helfen, sich eine bessere Zukunft aufzubauen."

Das klingt verdammt nach sozialem Engagement, fairen Preisen und gleichzeitig hohen Ansprüchen bei der Qualität des Kaffees. Wie aus dem Bilderbuch von Corporate Social Responsibility (CSR), der zurzeit mächtig im Trend liegenden neuen Unternehmensethik. So weit, so gut. In der Fernsehdokumentation beschwert sich jedoch ein mexikanischer Kaffeebauer, stellvertretend für viele, dass Starbucks den Kaffee nicht direkt von den Bauern kauft, wie es eigentlich im Fare-Trade-Zertifikat vorgeschrieben ist, sondern doch wieder über einen Zwischenhändler, der die Preise wie zuvor mächtig drückt. Von wegen besseres Leben.[62] Am Ende sind die kleinen Kaffeebauern doch wieder die Dummen. Dennoch schmückt sich das Unternehmen mit dem Gütesiegel der Fairtrade Labelling Organizations International (FLO).[63] Und der Kunde hat ein gutes Gewissen, wenn er den Kaffee bei Starbucks schlürft. Und genau darum geht es vermutlich: Konsumieren ohne Gewissensbisse, das ist wichtig bei der Zielgruppe, die Starbucks im Visier hat.

Ein weiterer schwarzer Fleck auf der weißen Weste von Starbucks ist das Thema Steuern. Steuern zu zahlen, gehört sich einfach für ein verantwortungsvoll agierendes Unternehmen. Doch der Konzern zahlt in vielen Ländern kaum Steuern, offiziell schreiben beispielsweise die unzähligen Filialen in England Verluste.[64] Und der Laie ist verwirrt, dass Starbucks dennoch in England tapfer die Stellung hält und weitere Filialen eröffnet. Das hat die Neugier so manch eines Abgeordneten geweckt und so gab es bereits peinliche Befragungen leitender Starbucks-Manager. Wir brechen die Untersuchung an dieser Stelle ab, obwohl noch längst nicht alle Ungereimtheiten des Leitbilds aufgelistet sind.

Ehrlichkeit zahlt sich aus

Sie wundern sich vielleicht, dass wir das Leitbild von Starbucks so gnadenlos zerpflückt haben. Das aber haben wir aus gutem Grund getan, denn wir möchten Sie darauf hinweisen, dass ein Leitbild, das nicht mit den tatsächlichen Werten des Unternehmers übereinstimmt, garantiert auffliegt – vor allem in digitalen Zeiten. Vor der kritischen Prüfung, ob das Unternehmen die Wahrheit spricht, ist heutzutage kein Unternehmen mehr gefeit. Äußerst kritisch erledigen die Kunden und Mitarbeiter im Netz einen noch viel gnaden-loseren Job, als investigative Journalisten es gemeinhin tun, denn sie sind in der Mehrheit – und alle online. Ohne lange Recherche, ganz nebenbei, kann eine Marke schnell den Bach runtergehen. Daumen rauf oder Daumen runter. Das dauert nur wenige Sekunden. Denn im Netz gibt es unzählige Bewertungsportale. Deswegen sollten Sie sich sehr genau überlegen, was in Ihrem Leitbild steht. Vor allem sollten Sie den Mund nicht zu voll nehmen. *Denn Lügen haben kurze Beine.* Das gilt immer noch und in digitalen Zeiten ganz besonders.

Seien Sie lieber ehrlich und finden Sie mit der Hilfe der Motivationsanalyse von Steven Reiss heraus, was Sie wirklich antreibt, was die wirklichen Werte Ihres Unternehmens sind. Dann ist das Bild stimmig. Das

Merke: Ein Leitbild, das nicht den Tatsachen entspricht, ist die perfekte Vorlage für unzufriedene Kunden, das Unternehmen im Netz unmöglich zu machen. Ein solches Leitbild funktioniert einfach nicht. Es gibt das Unternehmen der Lächerlichkeit preis. Wenn Sie so vorgehen, ist das Leitbild der Grabstein für Ihre Unternehmensidentität.

merken auch Kunden und Geschäftspartner. Schließlich gilt: *Ohne Glaubwürdigkeit gibt es keine Unternehmensidentität.*

Avatar verbindet Mensch und Leitbild

Nicht nur in der Außendarstellung scheitern Leitbilder. Das gleiche Schicksal erleiden sie, wenn im Unternehmen niemand das Leitbild kennt. Und das ist leider oft der Fall. Es ist noch gar nicht so lange her, da sind wir auf ein Unternehmen gestoßen, das unbedingt die ost-europäische Niederlassung mit der deutschen verbinden wollte. Bis-her hatten beide getrennt voneinander agiert. Das, was bisher nicht zusammengewachsen war, sollte nun durch ein Leitbild verbunden werden. Doch als wir das Unternehmen besuchten, konnte uns die Personalleiterin das Leitbild noch nicht einmal zeigen. Irgendwann wurden uns sechs PowerPoint-Folien zugesteckt. Unsere Frage an die

Personalleiterin, ob auch der Arbeiter in der Werkshalle wisse, was in dem Leitbild stehe, verneinte sie. Das ist leider der Klassiker. Wir erleben das immer wieder. Keiner ist informiert, das Leitbild wird in den Werbebroschüren aufwendig beworben und im Internet glanzvoll dargestellt, aber das war es dann auch schon.

Und wir fragen uns: *Wie soll da etwas zusammenwachsen?*

Tatsache ist, dass viele Unternehmen glauben, sich durch positiv klingende Inhalte und ein in schöne Worte gekleidetes Leitbild ein gutes Image aufbauen zu können. Doch dieser Eindruck trügt. Wer es so angeht, sollte es lieber gleich sein lassen. *Das überzeugt niemanden.* Nicht nur die Kunden, auch die Mitarbeiter haben ein gutes Gespür dafür, wenn es sich dabei um bloße Lippenbekenntnisse handelt.

Leider sind aufgeblasene, verlogene Leitbilder bittere Realität. Daher haben wir eine Methode entwickelt, die eine gesunde, systematische Entwicklung der Unternehmenswerte ermöglicht. Wir nennen das die Avatar-Methode. Wie bei einem Avatar, der virtuellen Kunstfigur aus dem Cyberspace, brauchen wir eine Person, die zwar nicht über die Kinoleinwand flimmert, dafür aber in der Vorstellung der Mitarbeiter höchst lebendig ist. Und das geht so: Wir stellen einen leeren Stuhl in die Mitte des Raums. Auf diesem Stuhl sollen sich die Mitarbeiter das Unternehmen, in dem sie tagtäglich arbeiten, als eine *echte Person* vorstellen. Mit einem unverwechselbaren Charakter, mit Stärken und Schwächen, mit Macken und Gewohnheiten. Das, was das Unternehmen ausmacht, soll in einer einzigen Person vereinigt sein. Mit anderen Worten: *Wir personalisieren in dieser Übung das komplexe System eines Unternehmens.*

Dabei gehen wir systematisch vor: Zunächst erarbeiten wir mit den Mitarbeitern, wie die Person, die stellvertretend für das Unternehmen steht, optisch aussieht. Trägt dieser Mensch kurze oder lange Haare? Wie kleidet er sich? Wie spricht er? Welche Speisen mag er? Die Mitarbeiter müssen der virtuellen Person auch einen Namen geben. Nennen wir den Avatar einfach mal Harald. Wenn wir in der Beratung vom Unternehmen reden, sprechen wir also von Harald. Von der Optik geht es dann zum Charakter. Welche

Eigenschaften hat Harald? Die können wir entlang des Reiss Motivation Profil® erarbeiten. Ist Harald wettbewerbsorientiert oder doch eher an Beziehungen interessiert? Wie wichtig ist ihm Macht? Ist Harald ein Ästhet? Wir fragen alle 16 Lebensmotive ab. Was motiviert Harald? Braucht er viel körperliche Bewegung, um sich wohlzufühlen? Ist Harald ein Familienmensch?

Am Ende haben wir Harald mit einer komplexen Persönlichkeit vor uns. Da sitzt er auf dem Stuhl, und wir alle haben das Gefühl, dass wir ihn so gut kennen wie einen engen Freund. Ausgestattet mit vielen Details haben wir Harald in unserer Vorstellung zum Leben erweckt. Genauso verfahren im Übrigen auch Schauspieler und Drehbuchautoren, wenn sie sich einer Figur nähern – egal ob es sich um eine reale oder eine erfundene Person handelt. Dabei wird im Theater oder beim Film sogar darüber nachgedacht, welche Macken jemand hat. All das geschieht, um die Person so echt wie möglich zu machen und dem Schauspieler Material in die Hand zu geben, mit dem er arbeiten kann. Regisseur, Autor und Schauspieler fragen sich: Wackelt der Mann mit den Ohren, wenn er aufgeregt ist? Geht er sich mit den Händen ständig durchs Haar? Fasst er sich an die Nase, wenn er nachdenkt? Wann runzelt er die Stirn? Hebt er die Augenbrauen, wenn er Zweifel hegt? Solche Details sind wichtig. Das macht für den Zuschauer eine Figur glaubwürdig, weil diese Macken ebenso typisch für diese Person sind. Und Unternehmen, das wissen wir alle, können auch richtige Macken haben. Positive wie negative. Grundsätzlich aber gilt: Macken, verstanden als Alleinstellungsmerkmale, machen Unternehmen erkennbar. Das ist im Internetzeitalter wichtig, denn die Aufmerksamkeitsspanne der User beträgt nur wenige Sekunden. Sich als Unternehmen mit etwas Originellem oder Typischem schmücken zu können, ist daher von Vorteil, zumindest dann, wenn die Ware oder die Dienstleistung gut sind. Schlechten Service als ‚liebenswerte Eigenheit' abzutun, scheidet selbstverständlich aus. Wer so argumentiert, ist raus aus dem Spiel.

Der leere Stuhl

Neben Harald kommt jetzt ein zweiter Stuhl. Auf dem sitzt die Branche. Die Persönlichkeit der Branche wird ebenso realistisch analysiert wie zuvor der Charakter des Unternehmens. Am Ende bekommt auch die Branche einen Namen: Petra. Dann kommt noch ein dritter Stuhl hinzu. Das ist die Zielgruppe. Die heißt Dennis. Der Entwurf der virtuellen Personen löst in der Beratung meistens große Heiterkeit aus. Jeder darf sich kreativ einbringen, die Geschäftsführer genauso wie die Mitarbeiter. Es ist immer wieder erstaunlich, wie gut die Leute über ihr Unternehmen, ihre Branche und Kunden Bescheid wissen. Aber dieses Wissen ist oft *nicht bewusst*. Dieser Sprung ins Bewusstsein aber ist nötig, damit wir mit diesem wie mit einem Werkzeug arbeiten können. Die Avatar-Methode macht das Wissen und die Erfahrung, die im Unternehmen versammelt sind, für alle *sichtbar*. Das ist entscheidend.

Durch diesen Prozess geschieht aber noch etwas: Die Unterschiede zwischen Harald, Petra und Dennis treten deutlich hervor. Der Soll-Zustand kann nun messerscharf mit dem Ist-Zustand verglichen werden. Nun leuchtet allen in der Gruppe ein, warum so einiges zwischen den Dreien nicht funktioniert. Kein Wunder, so unterschiedlich wie die sind! Harald ist zum Beispiel, anders als Petra, in besonderer Weise daran interessiert, Ressourcen zu schonen. Im Motivationsprofil ist das dem Lebensmotiv Sparen zugeordnet. Petra hingegen ist wettbewerbshungrig, was zum Lebensmotiv Rache gehört. Dennis wiederum, die Zielgruppe, ist sehr an Status orientiert. Wahrlich, die drei haben keine einfache Beziehung miteinander. Was nun? Wie kriegen wir sie zusammen? Das ist der Zeitpunkt, um auf die *individuelle Zusammensetzung der Lebensmotive* zu schauen. Wo gibt es Schnittmengen mit anderen Lebensmotiven? Wie können sich Harald und Petra sinnvoll ergänzen? Wie muss Harald mit Dennis kommunizieren? Dem Unternehmen muss es gelingen, mit beiden klarzukommen, sonst sieht die Zukunft düster aus. Es muss kreativ nachgedacht werden, wie in diesem Dreieck – Unternehmen, Branche, Zielgruppe – agiert werden muss, damit die

Firma ihre Chancen wahrnimmt und richtig nutzt. Es stellt sich aber auch die Frage in der Beratung: *Was muss geändert werden, damit es passt?* Durch Personalisierung und Visualisierung können Schwächen und Stärken des Unternehmens präzise analysiert werden. Mit diesem geschärften Blick schauen wir auf Branche und Zielgruppe und entwickeln ein neues Konzept für das Unternehmen. Eines, das tragfähig ist.

> Die Avatar-Methode visualisiert die Konflikte zwischen Unternehmen, Branche und Zielgruppe. Dadurch treten sie deutlich hervor. Nun leuchtet es den Mitarbeitern ein, warum so einiges zwischen den Dreien nicht funktioniert.

Entscheidend für den Erfolg der Avatar-Methode ist, zu verhindern, dass die Mitarbeiter in die innere Perspektive des Unternehmens zurückgleiten. Das passiert ziemlich oft. Als Berater sind wir dann gefordert. Wir müssen strikt darauf achten, dass Mitarbeiter und Geschäftsführung nicht unreflektiert auf alte Denkgewohnheiten zurückgreifen. Sie müssen während des ganzen Diagnoseverfahrens von außen auf Harald, Petra und Dennis schauen, sonst setzt die Betriebsblindheit erneut ein. Genau das gilt es zu vermeiden. Um die Gruppe in der Außenperspektive zu halten, benötigt es viel Erfahrung, Konsequenz und eine Menge Intuition, sonst funktioniert es nicht.

Drum prüfe, wer sich ewig bindet

Das Avatar-Verfahren ist zudem eine hervorragende Methode, um ein Leitbild zu entwickeln. Nun aber eines, das der Unternehmenskultur entspricht, und nicht eines, das in der Marketingabteilung am grünen Tisch entwickelt wurde. Um Ihnen zu zeigen, wie wir vorgehen, machen wir einen kleinen Ausflug in die Paarberatung.

Problematische Ehepaare

Kathy und Jerry wohnen in Houston und haben zwei Kinder.[65] Sie kommen in die Paarberatung, weil sie sich auseinandergelebt haben. In den Beratungssitzungen beklagt Kathy sich darüber, dass er spät nach Hause kommt, nach dem Essen Sport treibt und lange aufbleibt, ohne jedoch mit ihr zu sprechen. Es herrscht Funkstille zwischen den beiden. Nach der Motivationsdiagnostik zeigt sich, dass bei ihnen die Lebensmotive höchst unterschiedlich ausgeprägt sind. Sie passen wahrlich nicht zusammen im Hinblick auf Unabhängigkeit, körperliche Aktivität, Eros, Sparen, Status, Rache. Auch die Motive Anerkennung, Neugier, Essen, Ehre und Ordnung trennen sie. Beim Thema Ruhe sieht es nicht ganz so düster aus, hier haben sie eine kleine Schnittmenge. Völlige Unverträglichkeit aber herrscht bei den Themen Familie und Idealismus. Die unterschiedliche Ausprägung der Motive hat enorme Auswirkungen auf die Beziehung. Kathy beispielsweise beklagt sich, dass Jerry ihr nicht genügend emotionale Unterstützung bietet. Die Diagnostik zeigt, dass Kathy in diesem Bereich ein überdurchschnittlich starkes Bedürfnis nach Zuwendung hat. Jerry aber widerstrebt es, diese Emotionalität zu geben. Er fühlt sich nicht wohl mit so viel Nähe. Kein Wunder, der Test bescheinigt ihm, dass das Grundbedürfnis nach Unabhängigkeit bei ihm sehr stark ausgeprägt ist. Da sind zwei zu einem Paar geworden, die es besser nicht geworden wären. Genau an diesen kritischen Punkten entzündet sich die Tragödie ihrer Beziehung. Kathys Profil zeigt zudem ein großes Bedürfnis nach Rache. Sie vernachlässigt den Haushalt, weil sie damit Harald für den Kummer, den er ihr bereitet, bestrafen will. Auch die sexuellen Bedürfnisse der beiden liegen weit auseinander. Dennoch wollen sie wegen der Kinder die Familie zusammenhalten. Der Berater weiß: *Das wird ein schwieriges Unterfangen.* Die Lebensmotive sind im Grunde genommen zu verschieden und verhindern, dass die beiden glücklich miteinander werden. In einer Ehe müssen die Lebensmotive zwar nicht identisch sein, sollten aber miteinander harmonieren.

Wenn Wünsche und Bedürfnisse so weit auseinanderliegen, sind die Konflikte vorprogrammiert. Das kostet viel Kraft. Wer hingegen die richtige Person heiratet, ist nicht nur privat glücklicher als Kathy und Jerry, sondern profitiert auch beruflich davon. Denn eine gelungene Beziehung kostet nicht Kraft, *sie gibt Kraft.*

Auch Unternehmen haben gute oder schlechte Beziehungen

Nichts anderes gilt auch für Harald, Petra und Dennis. Wenn die drei sich nicht verstehen, die Konflikte sich häufen, muss etwas geändert werden. Vieles deutet darauf hin, dass sich Harald, das Unternehmen, und Petra, die Branche, zusammenraufen können. Wettkampf schätzt Harald auch, zwar nicht so wie Petra, aber da lässt sich etwas machen. Dennis aber bereitet uns echte Kopfschmerzen. Wir raten dazu, ihn zu verlassen. Denn eine an Status orientierte Zielgruppe passt nicht zum Unternehmen. Das kostet zu viel Energie, denn bei Harald ist der schonende Umgang mit Ressourcen ausgeprägt. Status aber schreit nach intensiver Nutzung von Ressourcen. Die Beziehung kann nicht gut gehen. Da Harald, das Unternehmen, im Zentrum der Beratung steht, und nicht Dennis, muss dringend eine neue Zielgruppe gefunden werden. Ist die identifiziert, müssen Kommunikation und Marketing an die neue Kundschaft angepasst werden. Auf der Internetseite treibt aber immer noch ein Unbekannter namens Leitbild sein Unwesen. Ein Leitbild, das verfasst wurde, weil man im Unternehmen glaubte, dass die Kunden solche Lügen hören wollen. *Bullshit*, sagen wir. Das genaue Gegenteil ist der Fall: Unzutreffende Leitbilder polieren Ihr Image nicht auf, *sie ruinieren es.* Ein solches Zeugnis der Verlogenheit hat mit der Unternehmensrealität nichts zu tun und gehört daher ausgetauscht. So entwickeln wir Schritt für Schritt die Neuausrichtung des Unternehmens. Manchmal sind die Veränderungen, die eingeleitet werden müssen, gravierend. Ein anderes Mal muss nur hier und da an den Schrauben ein wenig gedreht werden, damit das Unternehmensschiff wieder eine Handbreit Wasser unterm Kiel hat.

Der Wertekompass muss echt sein

Harald, der die Ressourcen so gerne schont, Petra, die so leidenschaftlich mit anderen wetteifert und Dennis, dem die Rolex als Statussymbol so wichtig ist, waren nicht glücklich miteinander. Deswegen haben wir Dennis den Laufpass gegeben. Das hat so manchem im Unternehmen wehgetan, dennoch war es richtig. Wegen Dennis haben sich Harald und Petra immer wieder gestritten. Das hat alle im Unternehmen in Mitleidenschaft gezogen, selbst die Geschäftspartner haben die Ausläufer des Konflikts zu spüren bekommen. Die Trennung war daher unumgänglich. An die Stelle von Dennis rückt nun Martin. Martin ist beziehungsorientiert – genau wie Harald und Petra. Das passt wesentlich besser. Diese Grundübereinstimmung ist wichtig, denn die Avatare Harald, Petra und Martin haben Werte, denen sie in ihrem Wirtschaftsleben folgen. Diese Werte gilt es nun herauszuarbeiten, damit ein stimmiges Leitbild entwickelt werden kann. Dabei wird das Thema ‚Beziehungen‘ bei den Dreien offensichtlich eine große Rolle spielen. Bei Harald bedeutet das Nähe zu Kunden und Geschäftspartnern. So aufgestellt, lässt sich ein schlüssiges, harmonisches und glaubwürdiges Leitbild im Team entwickeln. Wer die Werte, die das Unternehmen tragen, auf diesem Weg entwickelt, braucht weder vor investigativen Reportern noch vor unzufriedenen Kunden Angst zu haben. Denn Harald verspricht nur, was er auch halten kann.

Damit Harald mit dem Leitbild einen Wertekompass in den Händen hält, der das Schiff auch bei rauer See sicher navigiert, muss die Größe des Unternehmens berücksichtigt werden. Denn die Größe entscheidet darüber, ob wir das Leitbild nur mit der Unternehmensführung entwickeln oder wir die Mitarbeiter mit ins Boot holen. Wenn mehr als dreißig Menschen in dem Unternehmen arbeiten, wirken die Werte der Geschäftsführung erfahrungsgemäß nicht mehr in dem Maße auf die Mitarbeiter ein wie bei einer kleineren Gruppe.

Ab dreißig kommt eine eigene Dynamik ins Spiel. Das muss einkalkuliert werden, wenn ein Wertefundament gelegt werden soll, das nicht bei der kleinsten Belastung in sich zusammenbricht, weil die Unternehmenswerte zwar zum Vorstand passen, nicht aber zu den Mitarbeitern. Die Werte müssen den Stresstest im Alltag bestehen. Sind sie bloße Lippenbekenntnisse, entsteht zwischen Leitbild und Unternehmensrealität ein tiefer Graben, in dem das Leitbild schließlich versenkt wird. Genau das aber kann nicht Ziel sein. Ziel ist es, von Kunden und Geschäftspartnern respektiert zu werden, weil das Leitbild echt ist und mit den Erfahrungen, die sie mit dem Unternehmen machen, übereinstimmt.

4. Unternehmen in der Rehaklinik

Im Jahr 2016 gab es 611 private Rehabilitationskliniken, 315 freigemeinnützige und 223 öffentliche Fachkliniken für Rehabilitationsmaßnahmen.[66] Die Angebotspalette dieser Kliniken ist groß: angefangen von A wie Adipositas (Übergewicht) über T wie Taubheit oder Tinnitus (Ohrensausen) bis hin zu Z wie Zwangsstörung. Für alles gibt es Kliniken, die auf die unterschiedlichsten Krankheiten spezialisiert sind.

Sind wir also bestens versorgt?

Wir sagen: Nein. Denn die Fachkliniken kommen in unserem Gesundheitswesen ins Spiel, wenn die Krankheit eingetreten ist und den Patienten meist schon lange quält, also chronisch geworden ist. Die Vorsilbe ‚Re‘ vor den Wörtern ‚Habilitation‘ und ‚Maßnahmen‘ besagt im Übrigen nichts anderes, als dass es um etwas Nachträgliches geht, etwas, das zu einem ursprünglichen Zustand zurückgeführt werden soll. Mit anderen Worten: Die Behandlung setzt ein, wenn das Kind bereits in den Brunnen gefallen ist. Meistens ist es dann aber nicht mehr möglich, den Schaden so zu beheben, dass der ursprüngliche Zustand wiederhergestellt werden kann. *Jetzt gilt es zu flicken.* Für den Patienten bedeutet das meistens, dass er lernt, mit seiner Krankheit zu leben. Wie sich ‚gesund‘ anfühlt, weiß er dann oft gar nicht mehr.

Die chinesische traditionelle Medizin (TCM) und auch die westliche Homöopathie setzen genau andersherum an. Sie beginnen mit der Prävention.[67] Rehabilitationsmaßnahmen setzen nur da ein, wenn die Prävention, verstanden als richtige Lebensweise, versagt hat. Dabei verstehen sowohl die Homöopathie als auch die TCM unter richtiger Lebensweise kein standardisiertes Programm, etwa Müsli und Dinkelbrot für alle, sondern eine höchst individuell zugeschnittene Behandlung. Da kein Mensch wie der andere ist, müssen auch seine Ernährung, seine sportliche Betätigung, seine Erholungsphasen, die Art und Weise, wie er Freundschaften oder Beziehungen pflegt, höchst individuell gestaltet werden, damit seine Gesundheit in der Balance bleibt.

Welcher Ansatz ist sinnvoller?

Wir denken: die Prävention. Man kann es sich leicht an fünf Fingern abzählen, dass Menschen, die gesund leben, kaum Kosten verursachen. Das wäre natürlich eine bittere Pille für viele Kliniken und vor allem für die Pharmaindustrie. Vielleicht bleibt man bei uns aber auch lieber bei den Rehamaßnahmen, weil die Idee der Prävention nicht besonders tief in unserer Kultur verankert ist. Tatsache ist, dass die Philosophie, die hinter unserer westlichen Medizin steht, mit der *Krankheit* beginnt, nicht mit der *Gesundheit*. Wer so agiert, geht davon aus, dass Kranksein normal ist. Das ist es dann auch tatsächlich, wenn die Gesundheit und deren Erhaltung nicht im Mittelpunkt des Gesundheitswesens stehen. Und so werden in der westlichen Medizin Milliarden für die Erforschung von Krankheiten ausgegeben, die aber vielleicht nie eintreten würden, wenn Geld in die Hand genommen würde, um die Erhaltung der Gesundheit zu erforschen und danach gelebt würde.

> Unsere westliche Medizin beginnt mit der *Krankheit*, nicht mit der *Gesundheit*. Wer so agiert, geht davon aus, dass Kranksein normal ist. Es werden Milliarden in die Erforschung von Krankheiten gesteckt, statt in die Erforschung von Gesundheit.

In China ist das anders. Wer das Land besucht hat, wird nicht umhinkommen, die vielen Menschen zu beobachten, die bereits am frühen Morgen Schattenboxen (Thai Chi) oder andere Bewegungsübungen vollziehen. Unmittelbar stellt sich der Eindruck ein: Jeder in China bewegt sich. Väter, Kinder, Jugendliche, Rentner und Mütter. Seien wir ehrlich: Bei uns ist das nicht unbedingt so. Sich nicht regelmäßig zu bewegen, ist in unseren Breitengraden ein Massenphänomen.[68] Nicht von ungefähr titelte die Frankfurter Rundschau: „Deutschland, Land der Sportmuffel“.[69]

Die Lebensenergie muss frei fließen

Dabei unterscheiden sich chinesische Sportarten wie Qui Gong oder Thai Chi grundlegend von unseren Sportarten, die oft auf Leistung, im Sinne von schnell und viel, angelegt sind. In den chinesischen Sportarten hingegen geht es darum, die Bewegung richtig auszuführen und sich mental auf sie zu konzentrieren. Die Bewegungen sind eher langsam, dafür aber sehr bewusst, alle Muskeln und Gelenke werden einbezogen. Das indische Yoga arbeitet ähnlich. Immer geht es darum, die Energie im Körper im Fluss zu halten. Nur wenn diese Körperenergie nicht im Fluss ist, weil möglicherweise zu viel vor dem Computer gesessen wird, sich nicht allumfassend, den ganzen Körper einbeziehend, bewegt wird und dadurch ‚Stau' im Körper entsteht, haben Krankheiten im Sinne der chinesischen Akkupunktur überhaupt eine Chance.[70] Wo sich etwas staut, kann eben nichts fließen. Schmerzen im Rücken, am Knie oder an der Schulter sind passende Beispiele für diesen Stau, der sich auflösen muss, damit die Schmerzen enden.

Doch die Bewegung ist bei den Chinesen nur eine der Verhaltensweisen, die die Gesundheit in der Balance halten sollen. Auch das Essen wird als ein wichtiger Beitrag zur Erhaltung der Gesundheit verstanden, wobei Chinesen zutiefst davon überzeugt sind, dass das Genießen der Lebensmittel während des Essens bereits dazu beiträgt, gesund zu bleiben. In unseren Breitengraden stößt man da auf taube Ohren. So hört man oft, vor allem in protestantischen Landstrichen, dass Essen doch bloß Nahrungsaufnahme sei, die, lästig genug, erledigt werden muss, um das Überleben zu sichern. Eine solche Einstellung wäre einem Chinesen zutiefst fremd. Bezeichnend dafür ist, dass sich Chinesen nicht mit einem „Guten Tag" begrüßen, sondern mit „Hast du schon gegessen?".

Genuss und Gesundheit gehören zusammen

Ohne jeden Zweifel: Essen ist in China enorm wichtig. Wer je die Gelegenheit hatte, ein chinesisches Unternehmen von innen zu sehen, wird bemerken, dass die Mittagszeit von allen Mitarbeitern und Mitarbeiterinnen strikt eingehalten wird. Mögen bei uns Unruhen bei den Angestellten auftreten, wenn der Lohn zu gering ist, so brechen in einem chinesischen Betrieb Unruhen aus, wenn es kein gutes Essen gibt. Das ist kein Witz.

Dabei ist in China Essen Genuss und Medizin zugleich. Deswegen wird bei der Zusammenstellung der Lebensmittel oft die Fünf-Farben-Lehre angewendet.[71] Dabei werden die Farben Rot, Gelb, Grün, Weiß und Schwarz bestimmten Organen zugeordnet (Herz, Milz, Leber, Lunge und Nieren). Alle fünf Farben sollten bei einem Mahl enthalten sein, damit alle Organe optimal versorgt werden.[72] Wer krank ist, muss entsprechend essen. Süße Lebensmittel haben beispielsweise eine Wirkung auf Milz und Magen, scharfe auf Lunge und Dickdarm, bittere auf Herz und Dünndarm.[73] Schmackhaftes Essen und Gesundheit sind in China eine Einheit und kein Widerspruch. Das sieht bei uns in den Rehakliniken irgendwie anders aus. Schon wenn man die Kantine einer Klinik besucht, in der Blutdruckpatienten auf salzarme Kost gesetzt worden sind, bietet sich dem Besucher ein komplett anderes Bild. Da ist während der Essenszeiten Askese, Verzicht und Leiden angesagt.

Sie fragen sich, warum wir Ihnen das erzählen?

Weil wir Ihnen zeigen möchten, dass man das, was man in unserer Kultur vorfindet und als normal erachtet, auch ganz anders angehen kann. Denn auch die Motivationsanalyse von Steven Reiss sprengt das übliche Muster, weil die Vorgehensweise ganz anders ansetzt, als es in Beratungen gemeinhin üblich ist. Ein Diagnoseverfahren, das es erlaubt, Aufgaben im Unternehmen passgenau zu verteilen, nicht im Hinblick auf Kompetenzen – die setzen wir voraus –, sondern im Hinblick auf die Lebensmotive desjenigen, der den Job erfüllen soll. Das ist neu und setzt ein ähnliches grundlegendes Umdenken voraus, als ob in unserem Gesundheitswesen zur Idee der Prävention gewechselt werden würde. Den Motivationscheck in den Unternehmen konsequent anzuwenden, bedeutet, einen tiefgreifenden Umdenkungsprozess anzustoßen. Wir empfehlen diesen Paradigmenwechsel, denn wir wissen, dass in der Wirtschaft gemeinhin

– genau wie im Gesundheitswesen – erst reagiert wird, wenn das Kind bereits in den Brunnen gefallen ist. Um im Bild zu bleiben: Es fallen verdammt viele Kinder in den Brunnen, denn die meisten Menschen haben den falschen Job. Einen Job, der nicht zu ihnen passt. Das gilt für die untere Ebene als einfacher Prävention bei der Aufgabenverteilung im Unternehmen bedeutet, Menschen Aufgaben zu geben, die zu ihnen passen. So bleibt das Unternehmen im inneren Gleichgewicht. Das Ergebnis: Das Unternehmen ist gesund. So gesund, dass es auch bei schlechtem Wetter genügend Abwehrkräfte gegen eine Grippe hat.

Angestellter oder Arbeiter genauso wie für die mittlere Managementebene und Vorstandsetage. Dieses alltägliche Drama wäre vermeidbar, wenn wir den Gedanken der Prävention auch bei der Stellenbesetzung ernst nehmen würden.

Meistens aber läuft es anders.

Und dann ist es irgendwann so weit: Das Unternehmen erkrankt schwer. Die Notoperation, die in der Person des Insolvenzverwalters im Unternehmen auftaucht, rettet das Überleben. Wenn das gelungen ist, muss das Unternehmen in die Rehabilitation. Wie lange diese dauert, steht in den Sternen, und niemand weiß, ob der Patient nicht doch noch kollabiert. Der Gedanke der Prävention im Sinne einer adäquaten Lebensweise der Unternehmen, in dem die Menschen entsprechend ihrer Begabung und passend zu ihren Lebensmotiven eingesetzt werden, ist unserer Wirtschaft fremd.

Das wollen wir ändern.

Die Entdeckung der Motive

Unternehmen in Deutschland werden überwiegend *funktional* geführt, das bedeutet, dass die Menschen nach *Kompetenzen* eingesetzt werden. Wir aber wissen aus vielen Beratungsgesprächen: *Das ist nicht genug.* Kompetenzen lassen sich erlernen. *Motive nicht.* Doch selbst bei der Ausbildung der Kompetenz, die ein kognitives

Können vermittelt, aber nicht auf der persönlichen Motivation aufbaut, geschehen grobe Fehlentscheidungen: Viele Menschen ergreifen den falschen Beruf. Selbst wenn der Beruf passt und Freude bereitet, muss die Aufgabenstellung im Unternehmen noch lange nicht passen. Wenn die eigene Motivation nicht mit der Aufgabenstellung übereinstimmt, ist der Crash nur eine Frage der Zeit.

Es ist ein Skandal, dass dieser Zustand in unserer Wirtschaft als normal gilt. Aber kaum jemanden scheint das zu kümmern.

Dabei gehen aufgrund demotivierter Mitarbeiter den Unternehmen eine Menge Geld und viele Marktchancen verloren. Den Schaden schätzen Experten auf jährlich bis zu 103 Milliarden Euro.[74] In der Tat: Das ist eine Tragödie, die in unzähligen Unternehmen stattfindet. Eine Tragödie, an der Shakespeare seine wahre Freude gehabt hätte, weil sie reichlich Stoff für seine Theaterstücke geliefert hätte.

Wie kommt es zu diesen groben Fehlgriffen bei der Berufswahl?

Die Antwort ist so einfach wie erschütternd: Traditionell geht die Berufswahl in Deutschland *nicht vom Naturell der Person* aus. Stattdessen spielen ganz andere Faktoren eine Rolle wie etwa *Sicherheit, Prestige, Status, Geld.* Das sind oft die Kriterien, nach denen ein Beruf ausgewählt wird.

Und wir sagen: Es müsste ganz anders sein, wenn es rund laufen sollte. Eher so, wie in China Lebensmittel ausgewählt werden: individuell auf die Person zugeschnitten. So sorgfältig sollte auch der Beruf ausgesucht werden. Das Gleiche gilt für

Traditionell geht die Berufswahl in Deutschland nicht von der Persönlichkeit der Menschen aus. Faktoren wie *Sicherheit, Prestige, Status, Geld* spielen oft eine viel wichtigere Rolle. Wer mit so einem funktionsuntüchtigen Kompass durchs Leben geht, muss sich nicht wundern, wenn die Navigation nicht stimmt, der Beruf nicht zum Glück beiträgt. Die wenigsten Menschen bedenken, dass sie mit dem Beruf, den sie ausüben, mehr Zeit verbringen als mit Familie oder Freunden. Sie dürfen uns glauben: Die Kenntnis der eigenen Lebensmotive navigiert Menschen besser durchs Leben als die von der Gesellschaft vorgegebenen Auswahlkriterien.

die Rekrutierung von Personal. Denn die höchst individuelle Kombination unserer 16 Lebensmotive dirigiert unser Leben; sie erzeugt unsere persönliche Lebensmelodie.

Doch wir kennen auch die Konflikte, die entstehen, wenn jemand seinem Herzen folgt – wir würden von den Lebensmotiven sprechen – und einen Beruf wählt, der nicht den Vorstellungen der Familie entspricht. Udo Jürgens, der verstorbene Schlagersänger, der den Sound der Unterhaltungsmusik in Deutschland über viele Jahrzehnte wie kein Zweiter prägte, hat das am eigenen Leib erfahren. Er wollte Musiker sein. In seiner Familie, die zur Oberschicht gehörte, fand man das peinlich.[75] Gut, dass er auf sein Herz gehört hat, obwohl sich der Erfolg lange nicht so recht einstellen wollte.

In den Unternehmen sollte man es so machen wie Udo Jürgens: Wir *sollten auf unsere Wünsche und Träume hören*; sie sind deutliche Hinweise auf unsere Lebensmotive. Wir dürfen unseren Motiven getrost vertrauen. Sie sind der Kompass, der die Richtung weist; zumindest dann, wenn wir im Leben glücklich sein wollen. Von der individuellen Persönlichkeit eines jeden Menschen bei der Berufswahl auszugehen, ist daher nicht nur sinnvoll für denjenigen, der den Beruf ausübt, weil er, wenn es passt, geradezu aufblüht und seine Talente und Begabungen ausleben kann – Chinesen würden sagen: Seine Lebensenergie kann nun frei fließen –, auch die Unternehmer profitieren davon. Sie ziehen mit solchen passgenau identifizierten Mitarbeitern das ganz große Los, denn wer glückliche Mitarbeiter hat, die in ihrem Beruf Erfüllung finden, wird feststellen, dass die Produktivität im Unternehmen steil ansteigt. Ein Unternehmen, das so geführt wird, schreibt schwarze Zahlen. Garantiert.

Welcher Unternehmer will das nicht?

Doch viele Unternehmensinhaber wissen nicht, dass sie sich in einer Win-win-Situation befinden, wenn sie in Zukunft darüber informiert sind, was ihre Mitarbeiter *wirklich antreibt*. Wenn sie wüssten, was sie gewinnen könnten, wenn sie sich auf diese ursprüngliche und genetisch bedingte Motivation ihrer Mitarbeiter einlassen würden, hätten viele Unternehmer schon viel früher mit dem Motivationscheck gearbeitet. Das bekommen wir immer wieder zu hören, wenn die ersten Erfolge sichtbar werden. Menschen mit Führungs-verantwortung können mit der Motivationsdiagnostik agieren wie ein Dirigent, der das Beste aus den Orchestermusikern herausholt, indem er sie führt, aber um die Persönlichkeit jedes einzelnen Musikers genau Bescheid weiß. Dann entsteht ein Klangkörper, der die Zuhörer begeistert, weil die vielen Stimmen des Orchesters nicht neutralisiert werden, sondern zu einem harmonischen, aber komplexen Ganzen zusammengebunden werden.

Von der Funktion zur Person

Die meisten Unternehmer glauben jedoch, dass es genau andersherum sein sollte. Sie denken, die persönlichen Bedürfnisse und Träume ihrer Mitarbeiter gehören in den Privatbereich und müssten aus dem Berufsleben sauber herausgehalten werden, damit die Ziele des Unternehmens verwirklicht werden können. Nach dem Motto: Viele Köche verderben den Brei. In Wahrheit aber liegt die Sache anders: Das Glück des einen ist auch das Glück des anderen. Einen Interessenskonflikt zwischen Führungsebene und Belegschaft gibt es im Grunde nicht; zumindest dann nicht, wenn mit anderen Augen auf das Verschiedensein geschaut wird. Dann sind es nicht länger Unterschiede, die *stören*, sondern *bereichern, wichtige Ergänzungen bieten,* die das große unverwechselbare Ganze eines Unternehmens ausmachen.

Deswegen blicken wir mit Entsetzen auf die Art und Weise, wie in Deutschland Mitarbeiter rekrutiert werden. Es wird kein Wert darauf gelegt, dass jeder seine *Stärken* und *Fähigkeiten* ausleben kann, obwohl das die Voraussetzung ist, dass der neue Mitarbeiter ein Gewinn für das Unternehmen sein kann. Stattdessen werden die Menschen, die im Unternehmen arbeiten, von vielen Managern als *reine Arbeitskräfte* genutzt, die irgendeine Tätigkeit bis zu einem bestimmten Zeitpunkt X erledigen müssen. So, als ob die Tätigkeit auch von jedem anderen erledigt werden könnte. Es wird nicht gefragt, *wer* jemand ist, sondern *was* er kann. *Arbeitskraft* und *Kompetenz* bilden eine Einheit in deutschen Betrieben. Sie *sollen* austauschbar sein, damit sie leicht zu ersetzen sind. Die Persönlichkeit der Mitarbeiter bleibt dabei auf der Strecke. Sie ist der blinde Fleck im Personalwesen, besser: Personal*unwesen*. Karl Marx hat das sehr genau analysiert.

Doch das Problem besteht nicht nur bei der Rekrutierung des normalen Personals. Die Fokussierung auf die Kompetenz findet leider auch bei der Suche nach hochrangigen Managern statt. Das potenziert die Fehler um ein Vielfaches, kann im schlimmsten Fall sogar einen Flächenbrand im Unternehmen auslösen. Denn wenn ein Manager nicht zum Unternehmen passt, betreffen die Fehlentscheidungen viel mehr Menschen und größere Budgets als bei einem einfachen Angestellten. Dann ist die Katastrophe vorprogrammiert. Fortan muss dieser Führungsmensch gegen seine ureigensten Motive handeln, weil das in einem funktional aufgestellten System von ihm verlangt wird. Selbstverständlich klappt das nie, jedenfalls nicht auf Dauer, auch dann nicht, wenn ihm ein Coach zur Seite gestellt wird, denn die Entscheidungen, die ihm nun vom Vorstand vorgelegt werden und die er nur noch abzeichnen darf, haben mit seinem Profil als Mensch herzlich wenig zu tun. Vor seiner Einstellung wurde nicht gefragt, *was ihn antreibt*, welche Motive er für sein Handeln hat, ob seine Motive zur Unternehmenskultur passen. Sein *Warum des Lebens, seine Berufung* und sein *implizites Wissen*, das seine Erfahrungen umfasst, spielen bei der Entscheidung, ob man sich diese spezielle Führungsperson ins Haus holt, keine Rolle (siehe dazu Kapitel 8). Der eingeschränkte Tunnelblick gilt *allein* den Kompetenzen.

Das ist der Grund, warum so vieles falsch läuft bei der Rekrutierung von Managern. Genauso falsch sind die Maßnahmen, wenn die Quartalszahlen enttäuschen, der Manager nicht die Ergebnisse liefert, die von ihm erwartet werden. Dann fragt man sich im Vorstand, *was dem Mann fehlt*. Auf die Idee, dass dem Mann gar nichts fehlt, sondern seine Motive einfach nur *anders* sind als das, was man sich von ihm erhofft hat, kommt man nicht. Man nimmt an, dass irgendetwas mit seinen Kompetenzen nicht in Ordnung ist. Zügig werden Weiterbildungsmaßnahmen eingeleitet. Der Mann muss ‚repariert‘ werden. Man schickt ihn zum Coach. Der soll es nun richten und ihm die fehlende Kompetenz einbläuen. Wer bei so einem Coaching mal dabei war, weiß, was für eine traurige Angelegenheit das ist. Das Wort Vergewaltigung trifft es ziemlich genau. Diese als Reparatur verstandene Maßnahme ist in etwa so erfolgreich wie das Gesundbeten im Mittelalter.

Du musst funktionieren

Und so wird auf die Menschen viel Druck ausgeübt, bloß nicht aus der Rolle zu fallen. Sie sollen *funktionieren*. Es wird gedrückt und geschubst wie beim Einstieg in eine japanische U-Bahn – so lange, bis es scheinbar passt und die Türen sich schließen und Mitarbeiter und Manager sich in eine Aufgabe fügen, die ihnen zugewiesen wurde. Die Folge: tödliche Langeweile, Unzufriedenheit, im schlimmsten Fall Burn-out oder Herzinfarkt. Irgendwann rächt sich der Körper, wenn die Seele vergewaltigt wird. Was da an Ressourcen, Fähigkeiten, Intelligenz und Können tagtäglich verschwendet werden, weil sie *falsch* eingesetzt werden, macht uns immer wieder wütend. Denn es wäre so leicht, bessere Entscheidungen zu treffen. Die Entdeckung der wahren Motive der Mitarbeiter mithilfe der Motivationsanalyse hat für den Unternehmenserfolg den gleichen Effekt

Unternehmer sollten wie ein Dirigent agieren, der das Beste aus den Orchestermusikern herausholt, indem er sie führt, aber um die Persönlichkeit und Motive jedes einzelnen Musikers genau Bescheid weiß. Dann entsteht ein Klangkörper, der die Zuhörer begeistert, weil die vielen Stimmen des Orchesters nicht neutralisiert wurden, sondern zu einem harmonischen, zugleich aber komplexen Ganzen zusammengebunden wurden.

wie die Entdeckung Amerikas durch Christoph Columbus für die alte europäische Welt. Es ist der Anbruch einer neuen Zeit im Unternehmen.

Konflikte entstehen, weil wir den anderen nicht verstehen

Wir sind überzeugt, dass die funktionale Arbeitsauffassung in Deutschland viele unnötige Konflikte in den Unternehmen erzeugt. Sicher aber ist: Wenn am Arbeitsplatz das Leben eines anderen geführt wird, kann daraus nichts Gutes entstehen. Die Arbeit sitzt dann ‚wie ein Anzug von der Stange‘, nämlich schlecht. Es ist daher kein Wunder, dass in den meisten Unternehmen nicht an einem Strang gezogen wird, keine Gruppe entsteht, weil die Lebensmotive der Mitarbeiter oft himmelweit auseinanderliegen. Grundsätzlich sind Unterschiede zwar nichts Schlechtes, aber in einem Unternehmen muss es eine Schnittmenge bei den Lebensmotiven geben, sonst gibt es keinen Konsens. Woran es aber immer mangelt, egal ob es Schnittmengen gibt oder nicht, ist das gegenseitige Verständnis für das jeweilige Anderssein. Das tendiert bei uns Menschen gegen Null, denn wir sind eine intolerante Spezies.[76] Uns fällt es von Natur aus schwer, über den eigenen Tellerrand zu schauen. Wir unterstellen anderen Menschen, die gleichen Lebensmotive zu haben wie wir. Dem aber ist nicht so.

Wer um diese Differenz weiß und sie als gegeben akzeptiert, vermeidet viele Konflikte am Arbeitsplatz, mit Kunden und Geschäftspartnern. Zugleich versteht man, warum es so viele Konflikte im Berufsalltag gibt. Menschen haben eben *unterschiedliche Motive und Wertvorstellungen*. Und das bedeutet: Das, was im Unternehmen passiert, hat für jeden Mitarbeiter eine unterschiedliche Bedeutung. *Jeder bewertet die Vorgänge anders*. Hannah Arendt, die politische Theoretikerin, hat das Gleiche für den politischen Raum analysiert. Sie nennt das *Pluralität*. Interessanterweise hat sie festgestellt, dass dort, wo diese Vielfalt der Perspektiven ausgeschaltet ist, totalitäre Tendenzen im politischen System immer stärker werden, so wie es im Nationalsozialismus und im Kommunismus der Fall gewesen ist. Wenn alle agieren, als ob sie ein *einziger Mensch wären, ist es mit der Vielfalt vorbei*. Ein fruchtbares politisches System braucht dieses Anderssein, die vielen Meinungen und Perspektiven. Dann ist es lebendig, offen für Neues und erstarrt nicht im Immergleichen. Ironischerweise ist das, was uns alle so stört, nämlich die Tatsache, dass der Andere so verdammt *anders* ist, genau das, was zu einer gelungenen Gemeinschaft unbedingt dazugehört. *Ohne Differenz gibt es keinen Neuanfang, keine Veränderung und keinen Fortschritt.* Das gilt auch für Unternehmen.

Diese gottgegebene Differenz, Anthropologen sprechen von natürlicher Vielfalt, empört uns, widerspricht sie doch unserem ureigensten Empfinden, was richtig und was falsch ist. Wenn der andere nicht das Verhalten zeigt, was wir uns von ihm wünschen, ist die Konfrontation da. Doch wir müssen lernen, dass unsere Werte nicht automatisch die Werte des anderen sind. Wenn wir die Konflikte und die damit einhergehenden Reibungsverluste im Unternehmen reduzieren wollen, müssen wir den Perspektivenwechsel vollziehen. *Immer wieder.*

Wer sich die unterschiedlichen Motive der Menschen bewusst macht und lernt, sie zu akzeptieren, hört auf, sich ausschließlich um sich selbst zu drehen. Dieses Wissen kann Konflikte in Unternehmen enorm entschärfen. Das Verständnis für den anderen wächst. Ohne dieses Wissen klappt das jedoch nicht: Wir unterstellen, dass unsere Werte auch für alle anderen Menschen gelten und gut für sie sind.[77] *Ziemlich infantil,* könnte man meinen. Steven Reiss hat die menschliche Intoleranz, unseren begrenzten Horizont, mit einem wunderbar humorvollen Beispiel aus seinem eigenen Familienleben illustriert.

> Die individuelle Kombination der 16 Lebensmotive zeigt uns die Richtung, in die wir gehen sollten, damit wir im privaten Leben und am Arbeitsplatz glücklich sind. Unsere Lebensmotive und die der Menschen, mit denen wir tagtäglich zu tun haben, sollten wir ebenfalls kennen, um zu verstehen, warum sie anders handeln als wir selbst. Das schafft Toleranz und hilft, die richtigen Entscheidungen zu treffen.

Hilfe! Meine Frau will mich ändern!

„Meine Frau Maggi denkt seit Langem, mit mir stimmt etwas nicht. Es ist ihr ein Rätsel, dass ich es nicht gelernt habe, mehr Ordnung in mein Leben zu bringen. Ich sagte ihr, dass es mir Spaß macht, desorganisiert zu sein, aber sie tut das als Gerede ab. Sie weiß, dass sie sich gut fühlt, wenn sie wohlorganisiert ist, aber nicht, wenn sie desorganisiert ist. Da sie von Natur aus so beschaffen ist, dass sie der Ordnungsliebe einen hohen Stellenwert beimisst, glaubt sie, es liege in der Natur des Menschen, so zu sein. Sie ist sich sicher, dass ich besser dran wäre, wenn ich mehr Ordnung in mein Leben brächte. Ich wäre nicht nur ‚effizienter‘, wie sie es ausdrückt, sondern ich wäre auch glücklicher. […] Maggi unterstellt, jeder käme mit dem Potenzial auf die Welt, ein wohlorganisierter Mensch zu sein, dass jedoch in meinem Fall etwas schiefgegangen sei. Sie weiß zwar nicht, was es ist, aber sie ist überzeugt, *irgendetwas* ging schief. […] Zu dem Zeitpunkt, als wir uns kennenlernten, war mir nicht klar, was Maggi insgeheim dachte: Ich bräuchte sie, damit aus mir ein ordentlicherer Mensch würde. Sie rückte eigentlich nie richtig damit heraus und sagte mir nicht, dass sie plante, mich nach der Hochzeit zu ändern. Doch das war es, was ihr vorschwebte.

Spontaneität vor Ordnung

Obwohl ich Maggi immer wieder sagte, dass es mir gefällt, desorganisiert zu sein, glaubt sie mir nicht. Ich erzähle ihr, dass ich mich in Zimmern wohl fühle, die ein wenig unordentlich sind (ich nenne sie ‚bewohnt‘). Ich sage ihr, dass ich mich in Räumen unwohl fühle, die mustergültig aufgeräumt sind. Sie kontert: ‚Ordentlich zu sein ist besser, als desorganisiert zu sein.‘ Allem Anschein nach ist sie der Meinung, dass Ordnungsliebe eine göttliche Offenbarung ist. Sie glaubt, dass ich tief im Inneren mit meiner desorganisierten Lebensweise unzufrieden bin, jedoch zu stolz, das zuzugeben. [...] Ich hingegen gehe davon aus, dass meine Unordentlichkeit durch ein starkes Bedürfnis nach Spontaneität begründet ist. Ich fühle mich angeregt und belebt, wenn ich Spontaneität erlebe, aber unwohl in stark strukturierten Situationen. Ich bevorzuge eine desorganisierte Lebensweise, da sie es mir erlaubt, wenig Ordnung zu erleben und mehr Erfahrung mit Spontaneität zu machen. Mein Bedürfnis nach Spontaneität ist intrinsisch begründet. Der Schlüssel zum Verständnis desorganisierter Menschen besteht darin, zu erkennen, dass sie nur deswegen Spontaneität erleben wollen, weil genau *das* ihr Bedürfnis ist."[78]

Reiss ergänzt das Beispiel um eine weitere Pointe. Seine Vorliebe für Spontaneität gehe so weit, erzählt er, dass er selbst die Planung des Familienurlaubs gerne bis zur letzten Sekunde offen halte. Und so saßen eines Tages auf dem Weg in die Ferien seine Frau und seine beiden Söhne mit ihm im Auto und fragten ihn verärgert, wo sie denn nun ihren Urlaub verbringen würden. Daraufhin habe er geantwortet, dass sie das nicht sofort entscheiden müssten, sie könnten mit dieser Entscheidung noch bis zur nächsten Straßenkreuzung warten. Erst dann müssten sie die Fahrtrichtung wählen.

Mit solchen pointenreichen Geschichten versucht Reiss zu erklären, dass Umerziehungsmaßnahmen völlig sinnlos sind, weil unsere Motive *verschieden bleiben*. Wir können zwar unser *Verhalten anpassen*, nicht aber unsere Motive. Die bleiben, was sie sind. Es ist daher für Unternehmer unerlässlich, die unterschiedlichen Lebensmotive – die eigenen wie die der Mitarbeiter – zu kennen und zu akzeptieren. Wer Menschen nach Schema F sortiert, wird ein Desaster erleben. Ein solcher Unternehmer vergeudet viel Energie, die er lieber in etwas anderes investieren sollte: in die richtige Verteilung der Aufgaben im Unternehmen.

Wer über die Lebensmotive seiner Mitarbeiter unterrichtet ist und sie berücksichtigt, den einen in die Buchhaltung steckt und den anderen ins Marketing, weil die Aufgabenfelder zu dem jeweiligen Menschen passen, tut nicht nur viel für die Gesundheit seiner Angestellten, er tut auch viel für sein Unternehmen. Wer zudem um sein eigenes Motivationsprofil als Führungsperson weiß, kann seine Stärken ausspielen und seine Schwächen managen. Wir behaupten: Ein Unternehmen, das in der Art und Weise geführt wird, gerät nicht ins Schlingern. Es hält Kurs. Denn ein solches Unternehmen ist in der Balance – ganz so, wie es die traditionelle chinesische Medizin empfiehlt.

Freude am Arbeitsplatz? Fehlanzeige!

Doch die Realität ist weniger erfreulich. Die Untersuchungen des renommierten Gallup-Institutes sprechen Bände: Nur 15 Prozent der Arbeitnehmer sind mit Herz und Verstand bei der Sache.[79] Ein Drittel der Arbeitnehmer hat bereits innerlich gekündigt, vor allem die Generation der Babyboomer, also die über 50-Jährigen, weist die höchsten Zahlen bei der inneren Kündigung auf.[80] Die meisten Arbeitnehmer quälen sich demnach irgendwie durch eine Beschäftigung, die ihnen nicht wirklich liegt. Sie gehen einer Arbeit nach, die Stress erzeugt, weil sie keine Freude bereitet. Viele Menschen machen Dienst nach Vorschrift, schielen jede halbe Stunde auf die Uhr, um zu sehen, wann sie endlich Feierabend machen können. Sie sehnen sich nach dem kleinen Stückchen Freiheit am Ende des Arbeitstages, weil sie ihr Glück in der Arbeit nicht finden.

Selbstverwirklichung sieht anders aus.

Dass die Situation derart verfahren ist, wissen viele. Auch in den Vorstandsetagen. Doch das scheint kaum jemanden in Unruhe zu versetzen. Das wiederum beunruhigt uns, *und zwar massiv.* Denn das Problem erzeugt ein Vakuum in den Unternehmen, was sich früher oder später in der Auftragslage widerspiegelt. Dann muss die Armada der Brandlöscher anrücken, zu der auch wir als Berater regelmäßig gehören. Das Problem demotivierter Mitarbeiter in den Unternehmen zu verdrängen, hat wahrlich keinen Sinn. Doch genau das geschieht.

Wenn wir auf Kongressen, Messen oder in Beratungen eindringlich darauf hinweisen, dass der Beruf und die Aufgaben im Job genauso passen sollten wie ein maßgeschneiderter Anzug, hören wir regelmäßig Sprüche wie „Das Leben ist doch kein Ponyhof. Nur die Rosinen picken läuft nicht." Wir antworten dann meistens: Das Arbeitsleben könnte sogar noch besser als ein Ponyhof sein. Es könnte eine Spielwiese sein für Menschen, die viele Befähigungen haben und diese ausleben – zum Vorteil der Unternehmen. Das Pferd von dieser Seite aufzuzäumen würde die Unternehmen weit nach vorne bringen, viel weiter als wir heute auch nur erahnen können, weil wir die Potenziale, die in den Menschen schlummern, im Berufsleben immer noch weitgehend ignorieren. Und, ja, wenn es passt, dann können alle jeden Tag ‚Rosinen picken', ohne dabei jemand anderem zu schaden.

Was uns bei der ganzen Sache so aufwühlt, ist die Tatsache, dass der in vielen Unternehmen anhaltend destruktive Zustand so leicht zu beenden wäre. Dabei drängt die Zeit. Denn die aktuellen Burnout-Zahlen[81] sind dramatisch: Mit 16,7 Prozent ist das Ausgelaugtsein als Dauerzustand der zweithäufigste Grund für Krankmeldungen in den Unternehmen. Übertroffen wird es nur noch von Krankheiten des Muskel- und Skelettsystems, mit anderen Worten: Rückenleiden. Dass Rückenschmerzen – genau wie Burn-out – häufig psychische Ursachen haben, ist in der Medizin unbestritten. Die Zahlen sprechen eine deutliche Sprache: Es ist an der Zeit, etwas zu verändern. *Höchste Zeit.*

Die Rehaklinik als Wendepunkt

Es ist kein Zufall, dass sich viele Führungskräfte, genau wie viele Mitarbeiter, irgendwann in ihrem Leben in Rehakliniken wiederfinden. Dort wird dann an ihren Krankheiten herumgedoktert, bis es in den Gesprächen förmlich aus ihnen herausplatzt: Sie haben Wünsche und Träume, die sie nie leben konnten. Die Folge: *große Unzufriedenheit.* Dass Krankheiten und Psyche eng zusammenhängen, weiß man in den Kliniken sehr genau. Die Chinesen würden sagen: Die ‚gestaute' Lebensenergie erzeugt Blockaden, die sich als Krankheiten bemerkbar machen. Doch ist der Patient erst einmal in einer Rehaklinik angekommen, ist eine Neuorientierung gar nicht so leicht, denn jetzt benötigt der Patient seine verbliebene Lebensenergie, um zu regenerieren. Und wieder zählen beide – der betroffene Mensch und das Unternehmen – zum Verlierer dieses Geschehens, das hätte vermieden werden können, wenn Jahre zuvor die Weichen anders gestellt worden wären.

Die ansteigende Kurve der Burn-out-Fälle in den Unternehmen ist wie ein Warnschild, auf dem steht: *Hier läuft etwas falsch! Bitte wenden!* Doch geändert wird in der Regel nichts. Die Lebenszüge der meisten Menschen fahren weiter, bis es zum großen Knall kommt: Dann springt der Zug aus den Gleisen, weil die Bremsen versagen. Diese Menschen haben sich zu oft selbst bremsen müssen, um zu funktionieren. Jetzt versagen die Bremsen. Irgendwann prallen dann zwei Züge ungebremst aufeinander. Leben und Arbeit lassen sich nicht mehr vereinen.

Das nennt man im Privaten Burn-out und im Wirtschaftsleben Insolvenz.

Selbst wer das als Mensch überlebt hat, ist noch lange nicht gerettet. Denn dann wird operiert und rehabilitiert, aber der destruktive Zustand am Arbeitsplatz und der demotivierende Führungsstil bleiben, selbst wenn alles wieder zusammengeflickt wurde, so gut es eben ging. Eine Trendwende ist das noch nicht, denn die *funktionale Führung* in den Unternehmen wird bis heute nicht infrage gestellt.

Die Unternehmen müssen den Kurs ändern

Dieses Ausbluten vieler Talente, das Nicht-Ausleben-Können dessen, was einen ausmacht, dieses Gegen-die-Wand-fahren als Normalzustand am Arbeitsplatz führt dazu, dass nach dem Reha-Aufenthalt oft nur noch die halbe Arbeitskraft zur Verfügung steht. Das verursacht nicht nur Kosten im Gesundheitswesen, sondern ebensolche auf Seiten der Unternehmen. Und eine Menge Probleme obendrein, wobei die Schwierigkeit, vernünftige Dienstpläne zu schreiben, weil die Ausfallquote der Mitarbeiter so hoch ist, noch das Geringste ist.

Und wir sagen: *Was für eine unglaubliche Verschwendung von Ressourcen!*

Dabei kommt die bange Frage auf, ob wir es uns in Zukunft überhaupt noch leisten können, so weiter zu machen wie bisher? Denn der weltweite Wettbewerb, der durch die Digitalisierung an Fahrt gewinnt, zwingt zu Veränderungen. Jahrelanges qualvolles Vor-sich-hin-Brüten am Arbeitsplatz, eine schwere Erkrankung und der sich anschließende Heilungsprozess mit unsicherem Ausgang sind angesichts der rapiden Umwälzungen auf den globalen Märkten ein absolutes No-Go. Wir brauchen schnelle und richtige Entscheidungen bei der Personalauswahl genauso wie in der Unternehmensführung, denn häufige Kündigungen und Verhandlungen vor dem Arbeitsgericht sind keine erfreuliche Angelegenheit. Zudem kosten sie Zeit, die wir nicht haben. Deswegen brauchen wir ein präzises Instrument, das solche Reibungsverluste deutlich reduziert. Das haben wir mit dem Motivationscheck in der Hand.

Passgenauigkeit ist das Thema

Wir müssen uns Folgendes vergegenwärtigen: Wir alle haben Talente, die wir für die Gesellschaft gewinnbringend einsetzen können. *Wenn wir denn dürfen.* Wenn wir jedoch gegen unsere Veranlagung, regelrecht gegen das, was uns als Person ausmacht, anleben müssen, der Beruf von uns diese Selbstverleugnung tagtäglich verlangt, ist es kein Wunder, dass das so oft in einem Burn-out mündet. Dieser ist dann für viele Menschen der Wendepunkt, ihr Leben radikal umzugestalten, auszusteigen, hinzuschmeißen oder im schlimmsten Fall: die Zeit bis zur Rente auszusitzen. Und wieder haben die Unternehmen das Nachsehen.

Genauso schlimm wie die Fehlbesetzung vieler Arbeitsplätze oder die Wahl des falschen Berufs ist die Unwissenheit über die eigene Persönlichkeit. Oft ist sie im Nebel von strengen Konventionen, Fremderwartungen und gesellschaftlichem Druck kaum mehr zu erkennen. Viele Menschen stochern in diesem Nebel herum, der sich um sie gelegt hat wie Mehltau, und suchen, ohne zu finden. Das „Wer-bin-ich?" verfolgt sie ein Leben lang. Sicher sind sie nur in einer Hinsicht: unzufrieden zu sein. Doch das, was sie motiviert, ist nach dem

Test kein Geheimnis mehr. Der Motivationscheck enthüllt unmissverständlich, *wer sie sind*. Die Motive für unser Tun liegen nach der Bestimmung der individuellen Kombination der 16 Lebensmotive offen auf dem Tisch. Ein Vertun gibt es dann nicht mehr. Für Unternehmer bedeutet das: Sie können mithilfe dieser Analyse die richtigen Mitarbeiter finden. Menschen, die zu ihrem Unternehmen und dem Aufgabenfeld passen. Mitarbeiter, die hochmotiviert sind und es auch bleiben, weil die Arbeit ihnen Spaß macht und sie genau das tun, was ihrer Veranlagung entspricht.

Das ist zugleich auch eine verdammt gute Nachricht für die Arbeitnehmer. Sie können sich selbst besser kennenlernen. Dann fällt es nicht mehr schwer, einen Beruf zu wählen, der Erfüllung verspricht. Ein Beruf, der es erlaubt, die eigene Persönlichkeit auszuleben. Das nennt man Glück. So sieht ein gelungenes Leben aus. Die Ergebnisse schwarz auf weiß zu sehen, hat auf die meisten Probanden eine äußerst befreiende Wirkung. Das erleben wir in den Beratungen immer wieder.

Teambuilding und andere Kuriositäten

Berater werden in der Regel dann gerufen, wenn die Hütte brennt. Sie müssen, wenn der Notruf gewählt ist, mit den Löschzügen anrücken und schauen, dass sie den Brand möglichst schnell und effizient bekämpfen. Sodann ist es Aufgabe der Berater, aus dem Schutt und der Asche das zu retten, was noch zu retten ist. Nach der Katastrophe sollen sie den Unternehmen helfen, wie ‚Phönix aus der Asche‘ zu steigen. Oft genug ist uns das auch gelungen, und es ist zutiefst befriedigend zu sehen, wie die Unternehmen nach einer umfassenden Beratung wieder ‚auf die Beine kommen‘. Wir wissen natürlich, dass es besser gewesen wäre, wenn wir gerufen worden wären, bevor der Brand einsetzte, aber auf die Idee kommen die meisten Firmenlenker nicht.

Das bedauern wir sehr.

Denn auf diese Art und Weise mutiert der Beruf des Unternehmensberaters zum unfreiwilligen Reparaturbetrieb. Ganz ehrlich:

Wir sind lieber die ‚Chinesen' in der Wirtschaft, die den Unternehmen helfen, ihre Balance zu finden und in dieser gesunden Balance zu bleiben. Beratung als Begleitung auf dem Unternehmensweg und nicht erst, wenn die Insolvenz droht. Aus eigener Erfahrung wissen wir, wie es dazu kommt, dass die Warnsignale im Unternehmen übersehen werden. Wer selbst schon mal eine Insolvenz überstanden hat und wieder auf dem Markt ist, kann Erfahrungen weitergeben, die andere Berater so nicht haben. Das hilft Menschen, die selbst mit dem Rücken zur Wand stehen und glauben, dass es keinen Weg mehr aus der Misere gibt. *Gibt es aber.* Diese Erfahrungen wurden in dem Buch ‚Unbesiegbar. Mit Vollgas in den Crash.' geschildert.[82]

In der Vergangenheit haben wir beide bereits vielen Unternehmen geholfen, die in die roten Zahlen gerutscht sind. Wir wurden gerufen, wenn Marktstrategien nicht funktionierten, Personalwechsel an der Spitze zu Blockaden bei den Mitarbeitern führten oder der Insolvenzverwalter schon vor der Tür stand. Dabei waren wir als Feuerwehrmänner in Konzernen genauso unterwegs wie im Mittelstand. Wir sehen diese Rettungsaktionen aufgrund unserer eigenen Motivationsprofile nicht als lästiges Übel an, sondern als eine Herausforderung, die uns – wenn Sie so wollen – in den Genen liegt.

Klar ist aber auch: Nach der Mund-zu-Mund-Beatmung sollte nicht wieder in den gleichen Trott verfallen werden, sondern einiges im Unternehmen neu aufgestellt werden, damit in Zukunft nicht mehr der Kollaps droht, sondern, wie die Chinesen sagen, ‚Ying und Yang' wieder in Einklang miteinander sind. Doch bevor die Harmonie wiederhergestellt ist, muss die Katharsis durchlaufen werden und dazu braucht

Wer selbst schon mal eine Insolvenz überstanden hat und wieder auf dem Markt ist, kann Erfahrungen weitergeben, die andere Berater so nicht haben. Das hilft Menschen, die selbst mit dem Rücken zur Wand stehen und glauben, dass es keinen Weg mehr aus der Misere gibt. *Gibt es aber.*

es Ehrlichkeit. Selbst in solchen Krisensituationen plädieren wir für Optimismus, aber auch für offene Worte. Es ist wie beim Arzt. Die

Medizin, die hilft, schmeckt oft bitter. Aber daran führt kein Weg vorbei.

Die Motivationsprofile von Ben Schulz und Brunello Gianella

Betrachten wir unsere eigenen Motivationsprofile, die sich relativ ähnlich sind (siehe Abbildung, S. 88). Stark ist bei uns beiden die Ausprägung des Motivs Macht. Mit anderen Worten: Wir wollen Einfluss nehmen, wir wollen wirken, gestalten und vor allem: Wir möchten alles selbst anschieben und lenken. Selbst dann, wenn wir unter Druck sind. Das geringe Streben nach Anerkennung prägt unser Sein stark. Wenn das Motiv Anerkennung gering ausgeprägt ist, gilt Folgendes: Lob braucht dieser Mensch nicht, um seine Akkus aufzufüllen. Kritik haut so jemanden nicht vom Hocker. Die überhören wir sogar. Gering ausgeprägt ist das Lebensmotiv Sparen. Damit ist nicht allein Geld sparen gemeint, sondern der Umgang mit Ressourcen im Allgemeinen. Auch das befindet sich bei uns im Minusbereich. Das bedeutet für uns persönlich: Wir schonen uns nicht, gehen verschwenderisch mit unseren eigenen Ressourcen um, sind also Menschen, die von außen die Mahnung brauchen, auch mal ab und an einen Gang runter zu schalten, damit Entspannung und Regeneration einsetzen können. Das Lebensmotiv Ehre hat bei Ben eine geringe Ausprägung. Hier überwiegt die Ziel-und-Zweck-Optimierung. Selbst das Lebensmotiv Ruhe ist bei uns sehr schwach ausgeprägt. Das bedeutet: Wo andere glauben, dass ihr Puls rast und sie durchatmen müssen, fühlen wir uns wohl, sind gerade erst warmgelaufen. Es bedeutet zugleich, dass wir nicht stresssensibel sind. Stress, starke Anstrengungen sind von unserem Gefühlsleben her nichts Negatives, das Bedürfnis nach Ruhe ist bei uns eben gering. Alles in allem lässt sich sagen: Unser Führungsstil ist sehr direkt, wir sagen ohne Umschweife, was wir denken. Übertragen wir es auf die Saga ‚Herr der Ringe‘, sind wir diejenigen, die mit Schild und Schwert kämpfen.

Profil von Ben Schulz

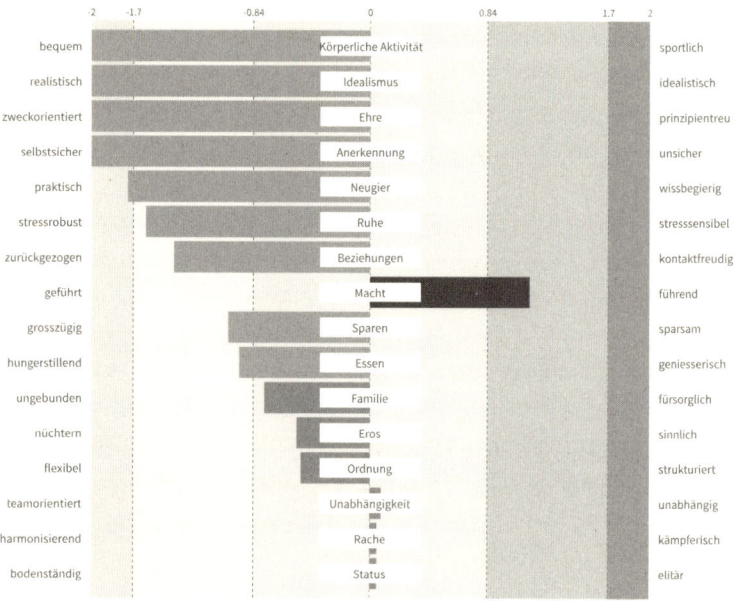

© IDS Publishing Corporation & RMP Germany

Profil von Brunello Gianella

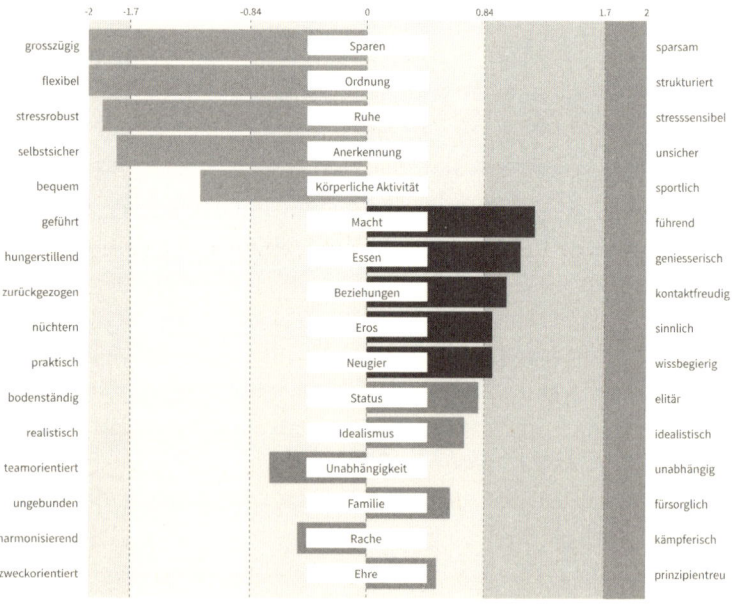

© IDS Publishing Corporation & RMP Germany

Die Feuerlöscher

Ein solches Profil ist dann gut, wenn es in den Unternehmen brennt und man einen klaren Kopf braucht, um schwerwiegende Probleme zu lösen, ohne die Nerven zu verlieren. Bei dem Typus Mensch, wie wir es sind, findet sich eine Robustheit, die solche Menschen regelrecht dafür prädestiniert, Krisensituationen mit ruhiger Hand zu lösen. Situationen, in denen andere in Panik geraten und Schnappatmung bekommen. Wir hingegen werden in solchen Fällen ganz ruhig und können dann genau unterscheiden zwischen wichtig und nebensächlich. Kein Wunder also, dass wir genau das in unserem Beruf tun: Troubleshooter und Sparringspartner von Unternehmern zu sein, die sich in Krisensituationen befinden. Ein solches Profil kann aber auch schlecht sein, etwa dann, wenn Kritikfähigkeit verlangt ist. Da schalten wir eher auf ‚Durchzug'. Genauso wenig liegt uns die Feinjustierung, die überlassen wir lieber anderen. Wir sind die Männer fürs große Ganze. Sie sehen: Die Medaille hat immer zwei Seiten. So ist das auch mit den Lebensmotiven.

Auf Tuchfühlung im Dschungelcamp

Wenn es in einem Unternehmen nicht rund läuft, sich viele Konflikte anhäufen, der eine Kollege mit dem anderen nicht mehr kann, und sich dies bedrohlich in den Geschäftszahlen widerspiegelt, wird nicht zur Beichte gegangen und nach der Lossagung von den Sünden ein ehrlicher Neustart in die Wege geleitet. Vielmehr wird gelogen, bis sich die Balken biegen. Vor allem wird sich selbst etwas vorgemacht. Doch genau das ist es, was der Gesundung im Wege steht.

Und dann passiert Folgendes: Wer sich die Wahrheit nicht vollumfänglich eingestehen will, sucht hektisch nach *Maßnahmen*. Dann wird der Ruf nach *Teambuilding* laut. Dann soll mit aller Gewalt etwas entstehen, was gar nicht da ist: *ein Team*. Wäre es nicht so traurig, könnte man über viele Maßnahmen, die nichts bringen und zudem viel Geld kosten, herzhaft lachen. Doch dafür ist die Sache viel zu ernst. Es ist ja auch sehr verführerisch, den Anbietern von solchen Teambuilding-Maßnahmen zu glauben. Die Ziele, die durch das Teambuilding erreicht werden sollen, klingen verlockend, gerade weil die Eingriffe auf der unteren Ebene bleiben und der Unternehmenschef nicht gezwungen ist, irgendetwas zu ändern. Ein Anbieter preist seine Dienstleistung wie folgt an:

‚Ein Unternehmen ist auf die Zusammenarbeit der Mitarbeiter angewiesen. Nur mit deren Leistung kann man das gewünschte Ziel erreichen. In einem Teamevent lernt man das. Vertrauen, Kommunikation, Verantwortung, Respekt und viele weitere Werte sind der Grundbaustein eines Teambuilding. Sind diese Werte geschaffen, so kann aktiv im Team zusammengearbeitet werden.'[83]

Um diese Ziele zu erreichen, krabbeln erwachsene Menschen an Kletterwänden hoch, springen kopfüber als Bungee-Jumper in die Tiefe, lassen sich beim Theaterspielen rückwärts fallen, um zu testen, ob die Kollegen sie tatsächlich auffangen. Da lernen Menschen, die problemlos in der Lage sind, zu Hause den eigenen Herd an- und auszuschalten, im Regenwald Feuer anzuzünden, während es nur so vom Himmel gießt. Da rennt der Buchhalter mit dem Praktikanten durch leere, heruntergewirtschaftete Hallen, um eine Schnitzeljagd mit GPS-System zu erleben. Da wird Brot aus Grassamen gebacken und tatsächlich verzehrt. Doch damit nicht genug. Mitarbeiter lassen sich freiwillig in ehemalige Gefängnisse einsperren, aus dem sie sich selbst befreien müssen, oder sie werden auf Mallorca ohne einen Cent ausgesetzt, um sodann als Team zueinander zu finden.

Dabei ist das, was sich anhört, als ob für die Comedy-Sendung ‚heute show' Sketche gedreht würden, bitterer Ernst. Es soll nämlich – ganz im Sinne von pädagogisch wertvoll – ein Team entstehen. Und wir sagen: *Was für ein Blödsinn!* Wollen die Anbieter dieser Events uns wirklich weismachen, dass die, die gemeinsam an der Kletterwand gegangen haben, danach unzertrennbar sind und am Arbeitsplatz miteinander schmusen? Friede, Freude, Eierkuchen im Unternehmen – wo auch immer man hinschaut? Um das zu glauben, muss man schon sehr naiv oder von schlechten Bilanzzahlen getrieben sein. Wer das tatsächlich für möglich hält, ist bereits an einem Punkt, an dem selbst Wahrsager zu Schicksalsgefährten werden wie einst Rasputin in der Zarenfamilie, kurz bevor diese von den Bolschewisten erschossen wurde.

Wer zueinander passt, ist kein Geheimnis mehr

Als Betriebsausflug mit Eventcharakter mag das vielleicht noch durchgehen, aber als Teambuilding-Maßnahme ist es einfach nur lächerlich. Denn eine Gruppe kann zwar durch gemeinsame Erfahrungen entstehen, aber ganz sicher nicht durch Extremklettern oder Dschungelcamp, zumal der eine Rückenprobleme hat und der andere sich abgrundtief vor Spinnen ekelt. Wichtiger als so ein Klimbim sind positive Erlebnisse am Arbeitsplatz, die man miteinander teilt, und die geschehen unweigerlich, wenn Menschen zusammenarbeiten, die zueinander passen. Herauszufinden, wer ‚miteinander kann‘, war früher eine Instinktsache, ein Gefühl, ein Ungefähr. Heute kann das sehr genau bestimmt werden – ganz ohne Kaffeesatzlesen, laborattenmäßige Assessment-Übungen oder rückenbelastendes Bungee-Jumping. Wenn wir die Persönlichkeit entschlüsselt haben, befinden wir uns auf einem anderen Level der Personal- und der Selbstführung. Es ist in etwa so, als ob zum ersten Mal das Antibiotikum erfunden worden wäre – nur eben in einem anderen Fachgebiet. Die Personalauswahl kann daher heute wesentlich genauer erfolgen als früher. Doch der Wahrheit ins Auge zu schauen, ist nicht jedermanns Sache. Deswegen der Griff zu Teambuilding-Maßnahmen wie der Griff des Alkoholikers zur Flasche. Maßnahmen, die zwar nicht das erreichen, was sie erreichen sollen, nämlich ein Team zu bilden, dafür aber umso mehr dem Vorstand als Rechtfertigung dienen, doch ‚wirklich alles‘ zur Rettung des Unternehmens und der Arbeitsplätze unternommen zu haben.

Das nennt man auch Selbstbetrug.

Teambuilding ist bloße Kosmetik, sie packt das Übel nicht an der Wurzel. Der Grund, warum sie dennoch so beliebt in den Unternehmen ist, liegt auf der Hand: Die Führungsriege ist nicht bereit, sich die wirkliche Situation einzugestehen. *Das hat viel mit Ängsten zu tun.* Doch leider gilt auch hier: Der Neustart kann nur gelingen, wenn man ehrlich ist, die Dinge beim Namen nennt und seine Fehler erkennt. *Das tut weh.* Das wissen wir aus vielen Beratungsgesprächen, aber man sollte rechtzeitig den inneren Schweinehund überwinden und sich Hilfe holen, nämlich dann, wenn das Ruder noch herumgerissen werden kann.

Wer Hilfe holt, muss ehrlich sein

Das gleiche Elend tut sich auf, wenn wir auf die höhere Managementebene schauen. Nicht selten werden Führungskräfte aufgrund einer bestimmten Unternehmenskultur gezwungen, Menschen auf eine Art zu führen, die ihnen nicht liegt. Das geht nicht lange gut. Beispielsweise soll einer den Zuchtmeister spielen, ist aber vom Typ her jemand, der lieber delegiert, den roten Faden aber in der Hand behält. Ein solcher Zwiespalt zwischen Unternehmenskultur und Führungspersönlichkeit funktioniert auf Dauer nicht. Ein Motivationstest im Vorfeld hätte das Trauerspiel verhindern können.

Ähnlich verhält es sich mit den Unternehmen, die sich in Krisen befinden. Wenn wir gerufen werden und gleich zu Beginn unseres Einsatzes merken, dass wir durch knietiefen Konfliktschlamm waten müssen und der Chef uns jedoch mit fester Stimme mitteilt, dass er zwar momentan gewisse Befürchtungen habe, aber keineswegs *Ängste, das Unternehmen nicht mehr steuern zu können,* wissen wir, dass es schwer wird. Denn die Einsicht, dass es ein handfestes Problem gibt, muss am Anfang einer Beratung stehen, nicht am Ende. Und so eine Bauchnabelschau kann verdammt ungemütlich sein. *Aber, es führt kein Weg dran vorbei.*

Blinde Flecke erkennen

Die Betriebsblindheit ist in vielen Unternehmen groß. Wenn man in einem Unternehmen arbeitet, sieht man das nicht, man steckt ja mittendrin. Von außen aber ist sie problemlos zu erkennen. Deswegen lassen auch wir uns regelmäßig von anderen coachen, damit die eigenen blinden Stellen sich nicht zu Brandherden im Unternehmen ausbreiten. Dieses regelmäßige Heraustreten aus dem Alltagstrott ist ähnlich wichtig wie regelmäßig Sport zu treiben. Es fördert die Gesundheit des Unternehmens, aber es muss *regelmäßig* gemacht werden. Denn ein Unternehmer steht vor enormen Herausforderungen. *Jeden Tag.* Da kann es schnell passieren, dass man etwas Wichtiges übersieht. Vier Augen sehen schließlich mehr als zwei. *Das gilt immer noch.*

In den Beratungen treffen wir nicht selten auf Unternehmer, die ein dickes Fell haben. Diese Robustheit hat zwei Seiten. Zum einen ist es gut, ein dickes Fell zu haben, wenn man sich mit einer Geschäftsidee am Markt durchsetzen muss, Finanzpläne bei den Banken durchgeboxt werden müssen und der Unternehmer gezwungen ist, mit Geschäftspartnern beinhart zu verhandeln. Das dicke Fell ist auch dann gut, wenn man auf Risiko gehen muss, etwa wenn es nötig ist, viel eigenes Geld in das Unternehmen zu stecken. Negativ ist die Unempfindlichkeit, wenn Warnsignale überhört werden und so der Zeitpunkt verpasst wird, rechtzeitig Dinge zu ändern, die geändert werden *müssen,* etwa weil der Markt gedreht hat und neue Produkte angeboten werden müssen oder die Mitarbeiter kurz davor sind zu kündigen, weil sie einfach schon zu lange zu viele Überstunden vor sich herschieben. Der Unternehmer selbst aber wiegt sich in Sicherheit und glaubt, alles sei in bester Ordnung.

Ein großes Ego steht der Lösung manchmal im Weg

Dabei ist das Hilfeholen für viele Unternehmer bereits eine schwierige Sache und kostet Überwindung. Denn nicht wenige Firmenchefs sind Machertypen, die sich nichts sagen lassen. Wir selbst sind da auch keine Ausnahme. Das Profil von Unternehmern sieht oft so aus: Sie haben ein großes Ego, wollen Einfluss nehmen, die Dinge gestalten, wollen Außergewöhnliches leisten, Menschen mitreißen und für ein bestimmtes Ziel begeistern. *Macht* ist bei solchen Menschen ein wichtiges Stichwort. Das Wort *Grenzen* hingegen kommt im Vokabular nicht vor. Das macht es für diesen Typus Mensch sehr schwer, die eigenen Grenzen zu erkennen. Um die wahrzunehmen, braucht es jemanden, der einem ein Spiegelbild vorhält. Dabei gestaltet sich die Beratung manchmal wie ein Boxkampf, der über mehrere Runden geht. Zunächst wird um Hilfe gerufen. Wir kommen und machen mit dem Ratsuchenden den Motivationstest, hören uns um, wo es im Unternehmen hakt, sprechen mit vielen, schauen uns die Zahlen an. Dann geben wir Rückmeldung, was geändert werden muss. Der Unternehmer nickt, ändert das eine oder andere und wir sind wieder weg.

Dann kommt Phase zwei. Wir bekommen einen Anruf, dass es immer noch nicht so gut läuft. Kein Wunder, denn *Einsicht* und *Verhaltensänderung* sind zwei Paar Schuhe. Dann wird die nächste Runde eingeläutet. Wir begleiten den Unternehmer oder die Unternehmerin, bis die Verhaltensänderung ‚sitzt‘. Manche Hürde lässt sich mit Unterstützung einfach besser nehmen. Sich Schwächen oder Schwierigkeiten einzugestehen, setzt im Übrigen große charakterliche Stärke voraus. Eine solche Stärke hat Papst Benedikt der XVI. gezeigt. Er erkannte, dass er zwar ein herausragender Gelehrter war, aber nicht das war, was die Kirche auf dem Petri-Stuhl brauchte: einen Manager. Er zog die Konsequenzen und trat zurück. Davor kann man nur den Hut ziehen, denn es gehört große Demut dazu, einen solchen Schritt zu gehen. Diese Einsicht in das, was man kann und was nicht, braucht es auch in den Unternehmen, denn viele Führungspersonen sind zutiefst davon überzeugt, *alles* zu können. *Doch das kann niemand.* Ein Ordnungsfanatiker wird selten ein genialer, kreativer Kopf sein, dafür kann er aber Prozesse sauber aufstellen. Er kann also etwas, bei dem die Kreativen meist gnadenlos versagen. Jeder sollte halt dort tätig sein, wo seine Talente gefragt sind.

Den eigenen Führungsstil finden

Wir erinnern uns an einen Fall, bei dem der Sohn das mittelständische Unternehmen vom Vater geerbt hatte. Dessen patriarchalischen Führungsstil hatte er übernommen, er brüllte rum, scheuchte die Mitarbeiter durch die Gänge. Wir waren sehr erstaunt, ihn dabei zu beobachten, denn sein Motivationsprofil sagte uns etwas anderes. Es stellte sich heraus, dass der Mann ein Problem hatte: Er glaubte, seinen Vater kopieren zu müssen, um Erfolg zu haben. Diese Blockade mussten wir bei ihm erst lösen, bevor er sich mit seinen Stärken und Schwächen als Führungsperson annehmen und entwickeln konnte. Das war kein leichter Weg, denn während wir ihn begleiteten, entstanden viele Baustellen im Betrieb: Die Fluktuation der Mitarbeiter war hoch, bis wir mit einem neuen Arbeitszeitmodell eine Lösung fanden. Dann gab es Probleme mit dem Produkt, auch das lösten wir gemeinsam und übten mit ihm zugleich den neuen Führungsstil ein. Seine Führungskompetenz war nun, weil sie authentisch war, viel glaubwürdiger als die Kopie zuvor und wurde daher auch von den Mitarbeitern akzeptiert. Die haben schließlich gute Antennen für das, was echt ist oder nicht. Diese Akzeptanz hatte ihm bisher gefehlt, seine Autorität war anfangs noch fragwürdig. Jetzt aber konnte er seine Mannschaft begeistern, die Ziele des Unternehmens zu verfolgen. Wir zeigten dem jungen Mann aber auch seine Grenzen und wiesen ihn daraufhin, dass er dort, wo seine Stärken nicht sind, etwa beim Verhandeln von Verträgen, externe Hilfe in Anspruch nehmen sollte.

Als Berater legen wir den Finger auf die Wunde.

Keine Frage. Es gibt auch Misserfolge. So haben wir vor längerer Zeit einen mittelständischen Unternehmer beraten, der Menschen in regelrechte Begeisterungsstürme versetzen konnte, eine außergewöhnliche charismatische Ausstrahlung hatte, zudem ein Verhandlungskünstler par excellence war. In kürzester Zeit war er so mit seinem Produkt zum Weltmarktführer aufgestiegen. Leider war er auch ein Narzisst. Er hat uns zwar in sein Unternehmen geholt, weil die Zahlen tsunamiartig eingebrochen waren, aber zuhören wollte er dann doch nicht. Wir legten den Daumen auf die Wunde: Er war im operativen Geschäft eine Null. Als wir ihm das sagten, schmiss er uns raus. Das Unternehmen gibt es heute leider nicht mehr. Und wir sagen: Das ist wirklich schade, denn die Geschäftsidee war genial. Wenn er Leute eingestellt hätte, die für ihn das operative Geschäft gemanagt hätten, hätte er seinen weltweiten Siegeszug weiterführen können. Doch mit seinen cholerischen Anfällen stieß er die Mitarbeiter vor den Kopf, die versagten ihm schließlich die Gefolgschaft und so kam eins zum anderen.

5. Der Berater: Vom Klonkrieger zum weisen Gandalf

Der Philosoph Sokrates hatte sich bei den Athenern sehr unbeliebt gemacht, so unbeliebt, dass er schließlich angeklagt wurde. In der Anklageschrift stand, er habe die Jugendlichen angestachelt und die Götter missachtet.[84] Sokrates bestritt nicht, mit den jungen Leuten diskutiert zu haben, wohl aber, dass er die Jugend aufgestachelt oder die Götter missachtet habe. Man glaubte ihm nicht, schließlich sahen die Erwachsenen, was Sokrates angerichtet hatte. Ihre Kinder stellten alles infrage, wenn sie zuvor mit Sokrates auf dem Marktplatz diskutiert hatten. Selbst vor Gericht verwickelte er die Anwesenden in einen Disput, und so kam es, wie es kommen musste: Sie verurteilten ihn zum Tode. Er nahm das Urteil an. In völliger Gleichmut, so wird berichtet, leerte er den Schierlingsbecher, obwohl er wusste, dass er sterben würde. Seine Schüler versuchten, ihn zur Flucht zu überreden. Er lehnte ab und erklärte, warum er ohne zu murren das tödliche Gift trank: Es sei besser, Unrecht zu erleiden als Unrecht zu tun, indem man die Gesetze missachte.

Was hat Sokrates getan?

In der Tat: Er hat Fragen gestellt. Einfache Fragen. So einfach, wie auch Kinder sie stellen. Wenn ein Erwachsener sagt: ‚Der Mensch ist gut‘, fragt das Kind prompt, was das denn sei, ‚gut zu sein‘. Genau so fragt am Anfang des Disputs auch Sokrates. Im Gespräch mit dem Sophisten Thrasymachos beispielsweise spricht er über Staat und Gerechtigkeit und stellt die Frage: *Was ist Gerechtigkeit?* Thrasymachos ist um keine Antwort verlegen. Mit tiefer Überzeugung behauptet er, das Gerechte im Hinblick auf den Staat sei das dem Stärkeren Zuträgliche. Thrasymachos findet es daher gerecht, wenn in einem Staat die Schwächeren gehorchen und die Stärkeren regieren. Sokrates kommentiert das nicht und fragt weiter: Ob es denn sein könne, dass die, die regierten, sich gelegentlich täuschten? Das bejaht Thrasymachos. Sokrates fragt weiter: Ob es denn gerecht sei, sich zu wehren, wenn die Regierenden sich irrten? Schließlich führe der Gehorsam der Regierten dazu, dass dieser Irrtum, wenn er denn befolgt werde, auch für die Stärkeren nachteilig sei. Thrasymachos ist verwirrt. Er fängt an, an seiner These zu zweifeln.

Liebgewordene Denkgewohnheiten hinterfragen

Sokrates stellt sodann eine Frage, die scheinbar nichts mit der vorherigen Frage zu tun hat: Ob ein Arzt, wenn er einem Patienten rate, eine bestimmte Medizin zu nehmen, das Beste für seinen Patienten wolle? Auch das wird bejaht. Die nächste Frage lautet: Ob der Arzt von seinem Rat wirklich überzeugt sei? Erneut wird die Frage bejaht. Sokrates bohrt weiter: Ob es denn, wenn man wirklich von etwas überzeugt sei, so wie der Arzt, wenn er ein Medikament verordne, das Beste für sich oder das Beste für sein Gegenüber wolle? Die Antwort lautet: Dieser wolle das Beste für sein Gegenüber. Sokrates schließt mit einer Analogie: Genau wie der Arzt handle auch ein gerechter Regierender: Er agiere nicht im eigenen Interesse, so wie Thrasymachos am Anfang des Gesprächs behauptet habe, sondern im Interesse der Regierten, wie das auch ein Arzt tue, der nicht das eigene Wohl, sondern das des Patienten im Blick habe. Sokrates hat durch diese Argumentation das Wortgefecht gewonnen und im Disput die Athener Demokratie verteidigt. Thrasymachos Gedankengebäude liegt in Schutt und Asche. Doch am Ende des Gesprächs – typisch Sokrates – riffelt er den Gedankenfaden wieder auf und gibt zu, dass er immer noch nicht wisse, was Gerechtigkeit sei. Wissen, so Sokrates, sei immer nur vorläufig. Das Denken hört eben nie auf und da Sokrates das Denken derart liebte, wollte er es auch nicht aufschreiben, denn das hätte bedeutet, den Denkprozess zu unterbrechen. So hat er seine Gedanken nie zu Papier gebracht. Das tat erst sein Schüler Platon, in dessen berühmten Dialogen viele Gedanken von Sokrates wiederzufinden sind.[85]

Denken erfolgt im Dialog

Diese Technik, Gedanken im Dialog mit anderen Menschen hervorzubringen, nennt Sokrates Mäeutik, *Hebammenkunst.*[86] Die Geburt der Gedanken im Gespräch. Erstaunlich ist, dass der Denker Sokrates das Denken nicht als eine Tätigkeit auffasste, die allein, abgeschottet von der Außenwelt, im stillen Kämmerlein stattfindet. Sokrates suchte das Gespräch, den Gedankenaustausch mit anderen Menschen. *Immer wieder aufs Neue.* Ein solches Gespräch ist etwas sehr Lebendiges. Es ist geprägt von Widerspruch, unterschiedlichen Meinungen und Schlüssen, richtigen und falschen. Doch in diesem Austausch findet etwas statt: *ein Lernprozess.* Die Disputanten kreisen das Thema während des Gesprächs immer genauer ein, arbeiten im Streitgespräch ihre Argumente sehr genau heraus. So wird die Sache klarer, Schritt für Schritt. Logische Brüche werden erkannt, starke Argumente können von schwachen unterschieden werden. Doch nicht nur der Inhalt, über den gesprochen wird, wird sichtbar, auch die Personen, die miteinander sprechen, zeigen im Gespräch, *wer sie sind.* Das ist unvermeidbar, denn niemand kann mit jemandem sprechen, ohne nicht zugleich auch sich als Person in Erscheinung zu bringen. Thema und Person – beides kommt zusammen.

> In einer guten Beratung werden die Gedanken nicht im stillen Kämmerlein entwickelt, sondern im Dialog. Sokrates hat es vorgemacht.

So ist es auch in einer guten Beratung. Ein guter Coach sucht das Gespräch mit dem Unternehmer, um wichtige Fragen zu erörtern. *Immer wieder.* Dann erkundet er das im Umfeld des Unternehmers, spricht mit Mitarbeitern, dem Führungspersonal und Geschäftspartnern. Ein guter Berater will *viele Perspektiven* hören, um sich ein Bild von dem Unternehmen zu machen. Genau wie es Sokrates mit seinen Gesprächspartnern auf dem Marktplatz tat. Doch statt zu fragen, was Gerechtigkeit oder Tugendhaftigkeit ist, sollte ein Berater fragen, welche *Motive* jemand hat, dies oder jenes in seinem Unternehmen zu tun. Denn eine Beratung ist etwas sehr Individuelles.

Deswegen müssen die Motive des Unternehmers bekannt sein. Ein Berater muss wissen, *wer* jemand ist, damit er wirklich helfen kann. Sokrates musste dies noch mühsam im Gespräch herausfinden, um sein Gegenüber kennenzulernen. Gegenüber Sokrates haben Berater, die mit der Motivationsanalyse arbeiten, einen entscheidenden Vorteil: Sie können das Motivationsprofil des Kunden sehr schnell erkunden. Dann können sie im Gespräch die Antworten des Unternehmers mit dem Motivationsprofil abgleichen und sogleich die unstimmigen Stellen finden. So kommt der Berater sehr rasch an die kritischen Stellen, die oft die Ursache für die Krise sind. Meistens gelingt es dem Berater, altgediente Gedankengebäude so zum Einsturz zu bringen. Genau wie es Sokrates mit Thrasymachos tat. Das ist wichtig, denn oft sind es diese nicht tragfähigen oder irreführenden Gedanken und die mit ihnen verbundenen Gewohnheiten, die die Krise auslösen.

Falsche Denkgewohnheiten durch bessere ersetzen

Wenn das Gedankengebäude erst einmal Risse hat und schließlich einstürzt, ist im Kopf endlich ,Tabula rasa' – wie auf einem leeren Blatt, auf dem nichts geschrieben steht. Erst dann können *neue Wege* gefunden werden, und zwar die, die wirklich zu der Persönlichkeit des Unternehmers passen. Denn es sind diese gedanklichen Blockaden, die ein Unternehmen in eine Schieflage bringen, Blockaden zudem, die Lösungen bei Krisen im Wege stehen. Deswegen ist das sokratische Fragen so wichtig, bis die Hindernisse im Kopf identifiziert sind, die dem Neuanfang im Wege stehen. Jetzt kann *neu nachgedacht* werden. Und genau wie Sokrates mit seinen Schülern, nähern wir uns dann, gemeinsam mit unseren Kunden, der neuen, tragfähigeren Wahrheit. Diese Wahrheit ist gar nicht so leicht zu finden, denn sie versteckt sich in den Motiven des Unternehmers, die ihm möglicherweise nie bewusst gewesen sind und durch vieles verdeckt sind: Traditionen, fremde Erwartungen, Gewohnheiten und der Lebensstil mit Freunden und Familie.

Wenn in einem nächsten Schritt die Motive mit dem Unternehmer erarbeitet worden sind, können von dort aus die persönlichen Werte des Unternehmers definiert werden. Werte, die nicht nur für ihn gelten, sondern auch für das Unternehmen, das er leitet, zumindest dann, wenn das Unternehmen die Schallgrenze von 30 Mitarbeitern noch nicht überschritten hat. Wenn diese sensible Grenze allerdings durchbrochen wurde, müssen die Werte gemeinsam mit den Mitarbeitern erarbeitet werden (siehe dazu Kapitel 3). Ganz nebenbei: Nur auf diese Weise können Unternehmenswerte gefunden werden – und nicht durch fremd verordnete Leitbilder, die in Marketingabteilungen, fern der Realität, geboren werden. Wichtig ist: Der Unternehmer und die in der Firma gelebten Werte müssen zueinander passen, sonst funktioniert es nicht.

Wenn ein Unternehmer seine Motive nicht kennt, führt dies irgendwann in eine Sackgasse. Es ist Aufgabe des Beraters, die Motive, die das Handeln des Unternehmers leiten, zu analysieren und von dort aus mit ihm die Unternehmenswerte zu entwickeln.

Wenn aber die eigenen Werte nicht mit denen des Unternehmens übereinstimmen, ist es kein Wunder, wenn das Unternehmensschiff irgendwann ins Schlingern gerät. Da Unternehmen heutzutage rasch wandelnden Marktprozessen ausgesetzt sind, ist es nicht unwahrscheinlich, dass es auch in Zukunft Krisen geben wird, doch wenn Motive und Werte identifiziert sind, lässt sich immer ein guter Weg finden. Denn die ureigensten Motive und Werte des Unternehmers sind der Anker, an dem sich festhalten lässt, wenn das Unternehmen in Seenot gerät. Auch wenn private Krisen anstehen, sind Werte wichtig, weil persönliche Krisen, egal welcher Art, immer auch Auswirkungen auf das Leben im Unternehmen haben.

Sokrates orientierte sich an seinen Werten

Nichts anderes tat im Übrigen auch Sokrates: Er hielt an seinen Werten fest, als ihm der Tod drohte. Den Tod vor Augen zu haben, ist wahrlich eine existenzielle Krise. Hätte Sokrates nicht so gehandelt, wie er es tat, würde er heute als verurteilter Verbrecher gelten, der sich der Strafe entzog und tatsächlich keinen Respekt vor Autoritäten und Staat gezeigt hätte – also genau das, was das Gericht ihm vorgeworfen hatte. Durch seinen Tod widerlegte er nicht nur diesen Anklagepunkt, sondern rettete auch sein Andenken. Bis in die heutige Zeit gilt Sokrates als einer der wichtigsten Denker der Philosophie in Athen. Diese Geschichte zeigt: Werte sind – anders als wohlklingende Leitfäden – der Boden, auf dem sich stehen lässt, auch wenn die Welt um einen herum aus den Fugen gerät. Darum ist es so wichtig, seine Motive und Werte zu kennen – und nicht die der anderen zu leben. Der innere Konflikt zwischen den eigenen und den fremden Werten, sitzt bei vielen Führungskräften so tief, dass sie irgendwann nur noch so funktionieren, wie es andere erwarten. Der CEO wird zur Manövriermasse der anderen und damit unberechenbar für seine Mitarbeiter. Die wenden sich schließlich von ihm ab. Nun steht er auf verlorenem Posten. Wer aber einen eigenen Wertekompass hat, dem kann das nicht passieren.

08/15-Berater sind out

Ihnen wird vielleicht schon aufgefallen sein, dass die Art von Beratung, die wir hier schildern, sich grundsätzlich von der sonst üblichen Beratung unterscheidet. Diesen Unterschied herauszuarbeiten, ist wichtig. Denn ein guter Berater zieht sich nicht ins stille Kämmerlein zurück, liest nicht wie die McKinseys & Co die Zahlen und Statistiken hinter verschlossenen Türen, entwirft kein radikales, aber praxisfernes Konzept, um anschließend die Geschäftsführung bei der Umsetzung allein zu lassen. So läuft das zwar heute immer noch oft, aber wir sind uns sicher: Lange werden das die Unternehmer nicht mehr mit sich machen lassen. Obwohl diese Vorgehensweise auf den ersten Blick für beide Seiten Vorteile bietet. Denn wenn es schiefläuft, kann der Unternehmer sagen, dass das Konzept des Beraters nicht gestimmt hat und der Berater kann sagen, dass der Unternehmer das Konzept einfach falsch umgesetzt hat. In Punkto

Schuldzuweisung ist das eine gängige Methode, sozusagen eine Art Arbeitsteilung zwischen Berater und Unternehmer, wenn der Insolvenzverwalter an die Tür klopft und nach dem Warum der Krise fragt. Doch die Verlierer stehen bei dem sich so oft wiederholenden Drama fest: Das Unternehmen, die Mitarbeiter und nicht zuletzt der Unternehmer selbst. Unserer Meinung nach ist eine solche Vorgehensweise unvertretbar, im Grunde genommen ein Skandal. Wir hingegen sind überzeugt, dass während einer Beratung das Lösungskonzept in der Praxis *tatsächlich funktionieren* muss und nicht nur auf dem Papier als *mögliche* Strategie angekündigt wird. Zu sagen, wie es gehen *könnte,* ist einfach nicht genug. Deswegen sind diese Konzepte am Reißbrett nicht gut. Wer einen Unternehmer wirklich unterstützen will, läuft lieber über einen längeren Zeitraum neben ihm her, bis die neuen, befreienden Denkweisen sich in Verhaltensänderungen manifestiert haben, Probleme gelöst sind und der Turnaround sichtbar ist. Dann darf sich ein Berater verabschieden, *aber erst dann.*

Wir sind fest davon überzeugt, dass bestimmte Beratertypen aussterben werden. Ganz sicher zählen dazu die McKinseys und PWC-Jünger, die mit einem schicken Flitzer vorfahren, maßgeschneiderte Anzüge tragen, Konzepte am grünen Tisch entwickeln, sich danach aus dem Staub machen, aber nicht vergessen, exorbitante Rechnungen zu stellen.[87] *Das ist nicht mehr zeitgemäß.* Nicht nur, weil es viele Unternehmer leid sind, bei den Problemlösungen vor vollendete Tatsachen gestellt zu werden, sondern auch, weil sie zu Recht beanspruchen, bei der Umsetzung *professionell begleitet zu werden.* Geschieht dies nicht, erinnert die Beratung eher an den Fall des Medizinstudenten, der zwar nach der Vorlesung *theoretisch* weiß, wie ein Katheter im Herzen eingesetzt werden muss, bei der Operation aber feststellen muss, dass es an der Umsetzung hapert, weil Praxis und Theorie sich doch ein wenig unterscheiden.

Zu oft geklont

So gut diese Mitarbeiter der großen Beratungskonzerne wissenschaftlich ausgebildet sind, ähneln sie doch den Klonkriegern im Film Star Wars: Alle gleich, Lösung nach Schema F und mit einer Berater-DNA ausgestattet, die durch das häufige Klonen irgendwann degeneriert ist. Statt geklonter Berater brauchen Unternehmer Beratung, die *individuell* auf sie zugeschnitten ist. Um den Unterschied zu den üblichen Beratungsansätzen zu verdeutlichen, nutzen wir gern ein Bild aus der Jagd. Die traditionelle Beratung ist wie die Schrotflinte bei der Jagd – manchmal trifft man damit, aber die Streuverluste sind groß. Die sind deshalb so groß, weil die *Methoden* für wichtiger gehalten werden als die individuelle Beratung. Mit einer Kombination aus Motivationsdiagnostik, der Analyse des Warums, der Vision des Unternehmers für sein Unternehmen und des impliziten Wissens, das sich im Unternehmen versammelt sowie der Kenntnis der Daten und Fakten des Unternehmens hingegen treffen sie mitten ins Herz des Wildtieres. Sie können gar nicht vorbeischießen, so präzise ist diese Analyse. Von dieser Analyse ausgehend können dann höchst individuelle Lösungen für die Unternehmenskultur, für Personalfragen, Produkte, Marktstrategien und anderes gefunden werden. Vor allem kann von dort aus der eigene Führungsstil, der individuelle CEO-Code, entwickelt werden (siehe dazu Kapitel 8).

Mittendrin

Ein guter Berater begleitet den Unternehmer in seinem Alltag, läuft wie ein Schatten neben ihm her, beobachtet, spricht mit Mitarbeitern und Führungskräften, scannt das Umfeld, bezieht alles mit ein, damit die Lösungen die Probleme beseitigen und nicht neue schaffen. Ein Berater von Format hat Verständnis für die Menschen in den Unternehmen, nimmt ihre Sorgen und Ängste ernst, schaut, dass sie ihre Kompetenzen einbringen können, und zwar an der richtigen Stelle im Unternehmen. Er atmet den Spirit tief ein, von dem das Unternehmen getragen wird, und entwickelt von der konkreten

Situation aus Lösungen. Konzepte, die umgesetzt werden können, weil sie realistisch sind und nicht im Wolkenkuckucksheim erdacht worden sind. Zudem arbeitet er während der Beratung im Schulterschluss mit dem Unternehmer. *Denn er muss es verstehen, er muss es wollen und vor allem: Er muss es umsetzen.* Ploppt irgendein Problem immer wieder hoch wie der Sektkorken an Silvester, wird gemeinsam neu nachgedacht. Genau wie Sokrates, der den Gedankenfaden immer wieder aufnahm, bis er zu tragfähigeren Wahrheiten vorstieß. Die Beratung ist ein *Prozess,* kein schön formuliertes Dossier mit fertigen Ergebnissen.

> Die Beratung ist ein *Prozess,* kein schön formuliertes Dossier mit fertigen Ergebnissen.

Vertrauen ist wichtig

Einem solchen Berater ist es wichtig, mit den Unternehmern auf Augenhöhe zu arbeiten. Er weiß nicht alles besser, er hört zu, auch bei den Details, denn die sind für das Gesamtbild genauso wichtig wie das große Ganze. Er konfrontiert den Unternehmer aber auch mit möglicherweise unangenehmen Wahrheiten. *Da kommen Emotionen hoch.* Auch damit muss er umgehen können. Denn die Erfahrung besagt: Wenn die erste Welle der Empörung abgeebbt ist, setzt der Lernprozess ein. Dann kann die Trendwende eingeleitet werden. Es ist wie mit der Katharsis in der griechischen Tragödie. Unter Katharsis verstanden die Griechen die Reinigung von bestimmten Emotionen.[88] Genau so ist es.

> Berater sind Analytiker, Personal Trainer, Beichtvater, Kumpel und manchmal sogar Eheberater in einer Person. Ein solcher Transformationsprozess kann nur funktionieren, wenn gegenseitiges Vertrauen vorhanden ist.

Dabei hat es sich bewährt, in Intervallen zu arbeiten. Es beginnt mit einer Erstberatung, nach einiger Zeit kommt der Berater wieder ins Haus und schaut, was in der Zwischenzeit passiert ist. Dann kommen die Rückmeldungen, nun werden erneut die Köpfe zusammengesteckt. Oft ist der Berater in einem solchen Prozess Analytiker, Personal Trainer, Beichtvater, Kumpel und manchmal sogar Eheberater in einer Person. Denn ein solcher Transformationsprozess klappt nur, wenn gegenseitiges Vertrauen da ist.

Ein Berater wie Gandalf

Gandalf. Dieser alte Mann mit dem schlohweißen Bart, den langen Haaren und den klugen blauen Augen, die manchmal so verschmitzt blicken können. Gandalf, der Weise aus der Saga ‚Herr der Ringe'. Er hat Eigenschaften, die ein guter Berater auch haben sollte, wenn er Unternehmern in schwierigen Missionen zur Seite steht. Um zu schildern, welche Eigenschaften das sind, machen wir einen kleinen Ausflug in die Sagenwelt von J. R. R. Tolkien.

Frodo Beutlin, der Hobbit mit den viel zu großen, behaarten Füßen, dem riesigen Appetit und dem friedliebenden Gemüt, hat eine äußerst schwierige Mission zu erfüllen: Er muss den Ring der Macht in den Schicksalsberg werfen, um ihn endgültig zu zerstören. Denn jeder, der diesen Ring überstreift, erhält unermessliche Kräfte. Genau aus dem Grund will auch Sauron, der dunkle und böse Herrscher, der die Macht über alle Welten an sich reißen will, den Ring haben und verfolgt Frodo. Auch für Frodo ist der Ring eine große Versuchung. Je öfter er ihn trägt, desto gefährlicher wird es für ihn. Das Problem aber ist: Ohne den Ring kann er die überwältigenden Probleme beim Kampf gegen das Böse nicht lösen. Er braucht den Ring, um es bis zum Schicksalsberg zu schaffen. Doch der Weg dahin ist schwierig und voller Gefahren. Um diesen Kampf zu gewinnen, braucht Frodo immer wieder Freunde, die ihn begleiten und ihm helfen, diese Prüfungen zu bestehen. Der wichtigste Begleiter dabei ist Gandalf, der Zauberer.

Was macht Gandalf zum idealen Weggefährten für Frodo?
- Gandalf hat ein gutes *Timing*. Er weiß, wann er gebraucht wird. Er ist nicht bei jedem Kampf dabei, den Frodo ausfechten muss.

Aber er ist immer bei ihm, wenn Frodo keinen Ausweg mehr sieht. Dann ist Gandalf an seiner Seite und bietet seinen Rat an. Schließlich ist der alte, weise Mann nicht erst seit gestern in den verschiedenen Welten unterwegs. Er musste im Laufe seines langen Lebens schon oft gegen das Böse ankämpfen. Gandalf weiß genau Bescheid, in welchen Gefahren sich Frodo befindet, wenn er die Schlacht gegen die bösen Mächte, gegen Gollum, die Orks, Sauron und andere gewinnen will.[89]

- Gandalf sieht die Aufgabe, die Frodo zu bewältigen hat, im Kontext des Gesamtgeschehens. *Er kann die Dinge einordnen.* Er kann aus der Vogelperspektive auf das Geschehen schauen, hat den roten Faden, der alles zusammenhält, immer fest im Blick.
- Der alte Mann weiß *intuitiv,* wann welche Schachfigur auf welches Feld gestellt werden muss, damit das Spiel gewonnen wird. Seine Intuition speist sich dabei aus drei Quellen: Wissen, Erfahrung und wertvolle Kontakte.
- Gandalf drängt sich nicht auf, trifft auch nicht die Entscheidungen, aber bereitet den Weg, damit Frodo die richtigen Entscheidungen treffen kann.
- Er kann Lösungen aus dem Hut zaubern, die Frodo aus verzweifelten Situationen retten und die entscheidende Wende bringen.
- Er hat Macht, spielt sie aber nicht aus, sondern nutzt sie, um Frodo zu stärken.
- Er ist nicht überheblich, er spricht zu Frodo wie zu einem guten Freund. Der Zauberer kann gut zuhören, die richtigen Fragen stellen, sodass Frodo selbst die Antwort findet, denn die muss er in sich selbst ergründen.
- Er kennt Frodo ganz genau, seine Stärken und seine Schwächen. Deswegen kann er ihn so gut beraten.
- Er betrachtet nicht nur Frodo, sondern auch dessen nächste Umgebung, ortet Freunde und Feinde. Freunde und Feinde können dabei nicht nur Menschen sein, sondern auch festgefahrene Strukturen, Geschehen in der Außenwelt von Frodo oder in der Familie, aber auch Frodos Gedanken, die ihn entweder weitertragen oder an seiner Aufgabe hindern.

Manchmal gelingt es guten Beratern, ein Stück weit wie Gandalf zu sein, der Zauberer aus der Fantasy-Trilogie ‚Herr der Ringe'. Dann kann er für den Unternehmer eine Lösung aus dem Hut zaubern, mit der der Unternehmer nicht gerechnet hat, die aber den entscheidenden Turnaround herbeiführt. Dabei hilft es, wenn Berater selbst schwierige Zeiten, vielleicht sogar eine Insolvenz durchlebt und den Neustart geschafft haben, um Menschen in ähnlichen Situationen helfen zu können.[90] Darüber hinaus kann ein guter Berater aus einem riesigen Fundus an Erfahrung, Kontakten und Techniken schöpfen, weil er schon mit vielen Unternehmern zusammengearbeitet hat. Mit Konzernchefs genauso wie mit inhabergeführten Unternehmen. Gute Berater bleiben auch nach Beendigung der Beratung mit den Unternehmern in Kontakt. Dadurch weiß ein guter Coach immer, was in der Wirtschaft los ist. Beispielsweise, dass die Nachfrage nach Beratung in den letzten Jahren deutlich angezogen hat, denn die Gesellschaft befindet sich in einem grundlegenden Veränderungsprozess. Die Digitalisierung, neue Wirtschaftskriege und Umwälzungen im politischen Bereich, die an den Grundfesten der Demokratie rütteln, sowie eine neue Generation von Mitarbeitern, die wirklich anders tickt als die zuvor, stellen die bisher geltenden Ordnungen infrage. Das wirft Fragen auf, die Antworten verlangen.

Neuen Zeiten brauchen neue Antworten

Wer hätte noch vor wenigen Jahren damit gerechnet, dass in einer eng verflochtenen Weltwirtschaft jemals wieder Handelskriege ausbrechen würden, so wie wir es zurzeit zwischen China und den USA erleben? Handelskriege, die auch die deutsche Wirtschaft am Ende nicht verschonen werden und viele Branchen, unter anderem die Auto- und Stahlindustrie, bedrohen. Wer hätte gedacht, dass die Türkei politisch die Uhren vor die Zeit von Atatürk, dem Gründer der modernen Türkei, zurückdrehen würde? Unzählige Menschen, die bloß ihre Meinung äußern, werden ins Gefängnis gesteckt. Justiz und Militär, die letzten Wächter der Demokratie in der Türkei, wurden entmachtet. Selbst das Liken auf einer Facebook-Seite kann bei der Einreise in die Türkei heute gefährlich sein. Wer hätte es für möglich gehalten, dass die Watergate-Affäre mit Nixon nahezu harmlos erscheint im Vergleich zu dem, was der amerikanische Präsident uns zurzeit zumutet? Mögliche Wahlkampfhilfe aus Russland, gezielte Lügen, das Aufkündigen von internationalen Verträgen und nicht zuletzt eine Demagogisierung, die Amerika tatsächlich in zwei feindliche Lager gespalten hat, sind Entwicklungen, die wirklich zu ernsten Sorgen Anlass geben. Trump hat eine Atmosphäre im Land geschaffen, die an Bürgerkriegszeiten erinnert. Aber auch Europa bleibt von dieser Radikalisierung nicht verschont, dank Geldströmen aus Russland, die helfen, die neuen, radikalen Parteien zu finanzieren.[91, 92] Wer hätte geglaubt, dass eine rechtsradikale Partei in den deutschen Bundestag einziehen und ihre Hetze über die Mikrofone der etablierten Medien erneut verbreiten darf? Wohl nur wenige. Und doch ist es heute Realität. Das Ganze ist zudem in atemberaubend kurzer Zeit geschehen.

Und als wären all die wirtschaftlichen und politischen Instabilitäten nicht schon genug, um Geschäftsabschlüsse, Investitionen und Warenströme zu bedrohen, kommt mit der Digitalisierung noch eine Technologie hinzu, die Märkte und Kaufgewohnheiten von Kunden von Grund auf ändert, traditionelle Finanzierungsformen durcheinanderwirbelt, einen Preisdruck bei Waren auslöst, der seinesgleichen sucht und Produkte und Dienstleistungen, die heute entwickelt wurden, schon morgen überflüssig macht. Der Kunde wiederum ist einerseits durch die Informationen im Netz überaus anspruchsvoll, und andererseits gewährt er nur in minimalen Dosen seine Aufmerksamkeit, weil das Digitale seine ständige Zuwendung einfordert.

Wahrlich, Unternehmer stehen in diesen Zeiten vor großen Herausforderungen.

Unternehmer sind extrem gefordert

Der Fachkräftemangel, ausgelöst durch die geburtenschwachen Jahrgänge, sowie eine Bildungspolitik, die allein das Studieren verherrlicht, kommen on top. Nicht zuletzt: Die verwöhnte Generation Y, die, als sie ins Berufsleben einstieg, nicht als Praktikant anfing, sondern mit der *Selbstverwirklichung* – dies sind Herausforderungen, mit denen sich ein Unternehmer heutzutage konfrontiert sieht. Es sind Zeiten, in denen Unternehmer Suchende sein und neue Antworten finden müssen, *weil die alten Antworten nicht mehr funktionieren.* Hinzu kommt eine Komplexität, die von Unternehmern verlangt, wie ein Jongleur im Zirkus mehrere Bälle gleichzeitig in der Luft zu halten. Dabei brauchen Unternehmer Unterstützung, aber eine, die sich von 08/15-Beratungen deutlich unterscheidet. Die McKinseys & Co müssen verstehen, dass der Wind gedreht hat. Das wird nicht einfach werden, denn sie sind darauf getrimmt, zu agieren, wie es in ,Good old Germany' üblich war: *funktional.* So richten sie immer noch ihr Augenmerk auf die *Sache,* verlieren dabei die Menschen aber aus den Augen. *Die aber sind die wichtigsten Akteure des Geschehens.* Nicht erst heute, sondern vor allem morgen, denn in turbulenten Zeiten, sind die Menschen und ihr Handeln gefragt und nicht Regeln und Strukturen, die ihre Gültigkeit durch die Digitalisierung längst verloren haben. Die einstigen Stars der Beraterszene müssen sich *neu erfinden,* weil in digitalen Zeiten der Unternehmer und seine Persönlichkeit ins Zentrum der Aufmerksamkeit rücken (siehe dazu Kapitel 8), denn da, wo alles agil ist, ständig in Bewegung, braucht es Leitfiguren mit Charisma, an denen Menschen sich orientieren können.

Gezielte Unterstützung bei Personalproblemen

Ja, es ist richtig: Wir haben in Deutschland ein großes Personalproblem. Darunter leiden alle, vor allem mittelständische Unternehmen. Viele Stellen können heute nicht mehr besetzt werden. Die Personalfrage ist zu einer Wachstumsfrage geworden. Dennoch sollte man nicht jeden ins Unternehmen hineinbitten. Zwischen Bewerbung und Anstellung sollte ein Test stattfinden, ob der Kandidat zum Unternehmen passt. Denn über das, was die Mitarbeiter *wirklich* motiviert, darüber sollte derjenige, der diese Menschen in sein

Unternehmen einstellt, informiert sein. Nur wenn er die Motive seiner Mitarbeiter kennt, kann es ihm gelingen, die Partitur seines Unternehmens richtig zu interpretieren. Dann kann er sein Orchester zu einer harmonischen Performance führen. Schließlich gilt: Selbst wenn die Mitarbeiter auf dem Papier alle erdenklichen Kompetenzen mitbringen, zu den Werten des Unternehmens aber nicht passen, sollten Sie die Bewerber lieber wieder nach Hause schicken. *Denn es wird nicht klappen.* Das bedeutet keine Herabsetzung der Kandidaten. Sie haben ihre eigenen Werte, sind wertvolle Menschen. Es ist nur so: Ihre Werte sind nicht die Werte, die in Ihrem Unternehmen wichtig sind. Diese Menschen können dann ihr Wissen nicht in Können umsetzen. Sie können ihre Emotionen nicht ausleben, sie haben keine eigene Antwort auf die Herausforderung, die Ihr Unternehmen stellt. Im Volksmund sagt man dann: Die Chemie stimmt nicht. *Doch die Chemie muss stimmen, wenn es rund laufen soll.* Gerade die Personalauswahl – nicht nur die tolle Geschäftsidee, eine solide Finanzierung und eine raffinierte Marktstrategie – entscheidet darüber, ob die Wachstumskurve Ihres Unternehmens nach oben zeigt oder nicht. Setzen die Mitarbeiter die Idee, die hinter dem Unternehmen steht, nicht um, können Sie einpacken.

Die Punktlandung

Als erfahrener Unternehmer wissen Sie das natürlich längst. Sie wissen, dass das der Grund für viele Reibereien zwischen Geschäftsleitung und Personal ist. Gerade in diesen Zeiten, in denen der Fachkräftemangel bei vielen Unternehmen eine existenzielle Bedrohung darstellt, muss das Auswahlverfahren beim Personal eine Punktlandung sein. Dabei haben die meisten Verfahren ein Manko: Sie zielen auf die *Kompetenz* der zukünftigen Mitarbeiter, nicht auf deren *Motive*. Wenn Sie aber nur die Kompetenzen abfragen, wissen Sie zwar, was die Person *kann*, Sie wissen aber nicht, ob die Person in der Lage sein wird, ihr Können in Ihrem Unternehmen abzurufen. Nach dem Motivationstest aber wissen Sie es. Dann sind Sie im Vorteil. So können Fehlentscheidungen, die in der Regel teure Abfindungszahlungen und unangenehme Gerichtsverfahren bei einer Kündigung nach sich ziehen, vermieden werden. Das ist Prävention. So kann man die Erfolgswahrscheinlichkeit einschätzen. Wir kaufen dann nicht die Erfolge von gestern, sondern das Potenzial von morgen.

Das Militär und die Ehre

Wir möchten Ihnen gerne ein Beispiel geben, warum die Motive der Mitarbeiter und die des Unternehmens, der Behörde oder Organisation übereinstimmen müssen. Nehmen wir das Beispiel Militär. Aufgrund von Analysen, die wir mit Soldaten durchgeführt haben, wissen wir, dass oft ein Lebensmotiv besonders stark ausgeprägt ist, wenn jemand sich entscheidet, Soldat zu werden: *das Lebensmotiv Ehre*. Menschen, bei denen dieses Motiv prägend ist, ist es wichtig, einen aufrechten Charakter zu haben.[93] Sie sind motiviert, nach einem moralischen Verhaltenskodex zu leben. Ehre motiviert zu Loyalität gegenüber den Eltern. Diese Menschen sind rechtschaffen. Sie sind auf Dinge wie Charakter, Moral und Prinzipien fokussiert. Sie sind verlässlich, ehrlich, loyal, prinzipientreu, fromm, gewissenhaft, ernsthaft, standhaft, vertrauenswürdig, redlich und aufrichtig.

Motivationsprofile helfen

Ein solches Profil finden Sie übrigens auch oft bei Mitgliedern von Non Governmental Organizations (NGOs) und Aktivisten. Aus Sicht der Motivationsanalyse war das Liebespaar Petra Kelly, die berühmte Friedensaktivistin, und Gert Bastian, der ehemalige General, gar kein so ungewöhnliches Pärchen, wie viele meinten, da vermutlich Lebensmotive wie Ehre und Idealismus bei beiden eine große Rolle gespielt haben.

Warum aber ist es für eine Organisation wie beispielsweise die Bundeswehr wichtig, die Lebensmotive ihrer Soldaten zu kennen?

Weil das Lebensmotiv Ehre die Gefahr einer posttraumatischen Belastungsstörung erhöht. Wenn diese Menschen beispielsweise nach Afghanistan gehen, um zu helfen, den Frieden befördern möchten und Brunnen bauen wollen, vor Ort aber merken, dass sie vielleicht gar nichts zur Friedenssicherung beitragen können, dann ist das eine existenzielle Erschütterung, die eine Lebenskrise auslösen kann. Bei Menschen, die nicht vom Lebensmotiv Ehre getrieben sind, hat eine solche Erfahrung nicht diesen Effekt. Das also, was auf den ersten Blick gut zusammenzupassen scheint, Ehre und Militär, kann sich bei einem Auslandseinsatz ins genaue Gegenteil verkehren. Das muss man als Personalentscheider wissen, wenn man Menschen fürs Militär rekrutiert. Bei der Bundeswehr kann eine präzise Personalauswahl über Leben und Tod entscheiden. Bei einem Unternehmen entscheidet es über Erfolg oder Misserfolg. Eine Punktlandung bei der Personalsuche ist daher entscheidend. Motive, Unternehmenskultur und Personal müssen zueinander passen.

Keine Monokultur

Kritiker mögen einwenden, dass solche Mitarbeiter, die alle das gleiche Lebensmotiv haben, eine Monokultur erschaffen, die für das Unternehmen wenig förderlich ist. Ohne Unterschiede gibt es auch keine neuen Ideen. Das Unternehmen wird zu einem trostlosen Ort. Dem aber ist nicht so, denn selbst, wenn alle Mitarbeiter beispielsweise das Lebensmotiv Ordnung teilen, ist die Kombination mit den anderen Lebensmotiven dennoch höchst individuell. Da ist genügend Leben in der Bude und zugleich ausreichend Harmonie und Einklang, so dass das Unternehmensschiff Kurs halten kann, ohne Menschen zusammenhalten zu müssen, deren Lebensmotive nicht mit denen des Unternehmens in Einklang stehen.

> Merke: Gegen die Lebensmotive der Mitarbeiter agieren zu müssen, lohnt nicht, denn das kostet nur Zeit, Energie und Geld. Und die Ressourcen fehlen dann an anderer Stelle im Unternehmen.

Den Exodus der Gen Y stoppen

Wir wissen alle: Die Gen Y verharrt nicht lange in einem Unternehmen. Die Karawane zieht weiter, immer auf der Suche nach dem nächsten Event im Berufsleben oder einer noch besseren Kompatibilität mit ihren Wünschen. Das geschieht im Rhythmus von etwa zwei Jahren.[94] Nicht wenige wollen in aufregenden Start-ups arbeiten, die bei Produkten und Dienstleistungen Profit und soziales Engagement in sich vereinen.[95] Denn die Gen Y möchte alles auf einmal: Geld verdienen, die Welt zu einem besseren Ort machen *und* sich selbst verwirklichen. Das, was klingt wie der Weihnachtszettel aller Berufstätigen, ist heute Realität bei Bewerbungsgesprächen. Da es zu wenige Fachkräfte gibt, wird die Gen Y umschwärmt wie die Bienenkönigin von ihrem Bienenvolk.[96] Das beweist wieder einmal, dass auch hier die alten Marktregeln von Angebot und Nachfrage gelten. Und da die Nachfrage größer als das Angebot ist, darf die Gen Y Rosinen picken, wie es ihr beliebt. Doch anstatt der Gen Y hechelnd hinterherzulaufen, sollten auch Sie sich die Rosinen rauspicken und nur die Bewerber zu einem weiteren Gespräch einladen, deren Motivationsprofil zu den Werten Ihres Unternehmens passt. Eine Absage zu bekommen, wird sicherlich viele aus der Gen Y oder der Gen Z überraschen, sind solche Erfahrungen doch für sie Neuland, aber so viel Rückgrat sollten Sie zeigen – zum Wohl Ihres Unternehmens. Ein passgenaues Profiling erspart Ihnen viele unangenehme Überraschungen. Hinzu kommt ein ganz entscheidender Vorteil: Sie müssen sich nicht den Kopf zerbrechen, wie Sie den Berufsalltag der Gen Y versüßen können. Sie müssen nicht fragen, denn Sie *wissen* es. Der Motivationscheck sagt Ihnen sehr genau, was der Kandidat, der vor Ihnen sitzt, im Berufsleben haben will. Wenn Sie sein Profil kennen, können Sie ihm Aufgaben geben, die diesem Menschen Spaß machen – und Ihr Unternehmen profitiert davon. Dieses Wissen zu haben, verändert ein Unternehmen von innen heraus, und zwar nachhaltig. *Was will man mehr?*

6. Kommunismus in den Führungsetagen

Was haben wir gelacht, als es die Sowjetunion noch gab und wieder einmal der Fünfjahresplan nicht eingehalten worden war. Wie gut doch unser Wirtschaftssystem demgegenüber funktionierte! Hier Überfluss, dort leere Regale. Wenn die Planzahlenspiele in den ehemaligen Sowjetrepubliken mal wieder nicht aufgegangen waren, wurde nach Schuldigen Ausschau gehalten: Nie waren es die Kolchose oder der Betrieb, auch nicht deren Leiter, die kommunistische Wirtschaftsordnung sowieso nicht, im Zweifelsfall war der Schuldige: der Kapitalismus. Die Begründung hat dann nochmals die Lachmuskeln in besonderer Weise gereizt, so gestanzt und auswendig gelernt klangen die Begründungen für das eigene Fehlverhalten.

Doch wenn wir in diesen Tagen die Wirtschaftspresse studieren, kommt einem die Handlung so verdammt bekannt vor. Die Frage „Wer hat eigentlich die Software bei den Dieselautos manipuliert?" bleibt auch vier Jahre, nachdem der Skandal aufgeflogen ist, unbeantwortet. Und die Frage, wer dafür die Verantwortung übernimmt, löst auf den verschiedenen Vorstandsetagen der Automobilindustrie eher Wegduck-Reflexe aus als ein kraftvoll vorgetragenes „Das war ich. Ich übernehme dafür die Verantwortung."

Überhaupt, haben Sie diesen Satz „Ich übernehme die Verantwortung" in den letzten Jahren bei irgendwelchen Wirtschaftsbossen vernommen? Wir nicht. Weder in Wirtschaftszeitungen noch auf Pressekonferenzen und schon gar nicht in Interviews. Ehrlich gesagt löst die Vorstellung, ein Martin Winterkorn, ein Dieter Zetsche oder ein Rupert Stadler würden vor die Kamera treten, den Reportern auf die Frage „Wer hat die Manipulationen veranlasst?" mit einem kurzen „Ich war's" beantworten, ein herzhaftes Lachen aus, so unwahrscheinlich ist sie. Klar, denn an so einem kurzen Satz hängt viel. Viel Geld für Schadensersatzzahlungen, viel Prestige für die Automarke und noch mehr Vertrauensverlust bei den Autokäufern. Also wird geschwiegen, gelogen, die Verantwortung weitergereicht. Wie im Kommunismus.

Ähnliches geschieht in diesen Tagen bei Bayer. ‚Selbstverständlich‘ habe die Massenentlassung von 12.000 Angestellten bei Bayer in Deutschland nichts damit zu tun, dass man sich womöglich bei der Übernahme des Monsanto-Konzerns übernommen habe. Das seien ganz normale Restrukturierungsmaßnahmen.[97] Die Verantwortung zurückzuweisen ist nicht nur bei den ganz großen Pannen fragwürdig, auch bei den alltäglichen Verantwortlichkeiten im Unternehmen scheint der Satz „Ich war's" schlimmer zu sein als ein Einbrechen der Quartalszahlen. Bestraft wird am Ende zwar immer jemand, im Zweifelsfall aber nie der, der es wirklich gewesen ist. Ein Buhmann findet sich immer. Vielleicht der Neue, der noch nicht über Seilschaften im Haus verfügt, der Fast-Pensionär, den man sowieso vorzeitig in den Ruhestand schicken wollte oder die ehrgeizige Kollegin, der man schon lange ihre Grenzen zeigen wollte, weil sie die Old-Boys-Netzwerke im Unternehmen gehörig stören würde, wenn sie tatsächlich den nächsten Schritt auf der Karriereleiter nehmen würde.

Dabei ist es doch so: Menschen machen Fehler. Und es gibt sogar ein Heilmittel dafür, nämlich der Satz: „Es tut mir leid." Zwar sind Reue und Buße die Voraussetzung fürs Verzeihen, aber eben keine Garantie, dass mir der andere auch tatsächlich verzeiht. Aber ohne geht es eben auch nicht. Eigentlich eine ziemlich simple Sache, seit Jesus von Nazareth dieses Heilmittel ins Zentrum seiner Botschaft rückte, um das Ungute, das zwischen Menschen stehen kann, wieder zum Verschwinden zu bringen. Dann ist der Weg frei für einen Neustart.

Warum ist ein solch simpler Vorgang in deutschen Unternehmen gegenüber Verbrauchern und Mitarbeitern so undenkbar wie im Kommunismus die Bibel zu lesen?

Darüber lässt sich trefflich streiten. Wir glauben, dass es an Folgendem liegt: Der Virus, der da deutscher Perfektionismus heißt, hat, seitdem die Standards zum absoluten Heiligtum erklärt wurden, in deutschen Unternehmen Einzug gehalten. Leider löste der Virus nicht nur eine winterliche Erkältungswelle aus, sondern erwies sich als derart widerstandsfähig wie die multiresistenten Keime in Krankenhäusern. Heute ist es fast so, als ob wir in Konkurrenz zu den von uns selbst geschaffenen Standards stünden, wobei die Standards immer gewinnen, weil sie nie Unrecht haben können. Doch die Standards setzen uns nicht nur unter Druck, sie haben auf der anderen Seite eine wunderbar entlastende Funktion: Hinter Standards kann man sich wunderbar verstecken! Das hat uns der ehemalige Chef bei VW, Matthias Müller, eindrucksvoll vor Augen geführt, als er den amerikanischen Verbrauchern weiß machen wollte, dass VW nicht gelogen habe, es sich bei den Manipulationen bei den Dieselautos bloß um eine *technische* Panne gehandelt habe und nun einfach nachgebessert werden müsse.[98] Mit anderen Worten: die Technik den Standards nicht genügt habe. So verschanzt man sich hinter Standards und versucht zugleich die Spuren der Verantwortung zu verwischen. Auf diese Weise verschwindet die persönliche Verantwortung, wird neutralisiert, weil schematisiert. Wo Standards herrschen, sind Menschen aus Fleisch und Blut fast schon peinlich. Dann ist die perfekte Fassade wichtig, wenn auch unglaubwürdig. Sich bloß keine Blöße geben, weil der Konkurrent auf die offene Flanke nur wartet. Sich keine Blöße geben vor den Mitarbeitern, weil die Autorität dann leidet. Sich bloß keine Blöße geben vor den Kunden, weil die dann zur anderen Automarke wechseln. Die perfekte Fassade ohne Fehl und Tadel tragen die CEOs wie einen Schutzpanzer um sich, wenn sie den Konzern betreten. Aalglatt stehen sie den Menschen im Unternehmen gegenüber und gehen mit ihnen um, als seien sie einander fremd, obwohl der CEO diese Menschen öfter trifft als seine Familie zu Hause.

Neue Fehlerkultur

Die Fassade mit tausend Tricks aufrechtzuerhalten, mag noch im Jahr 2019 irgendwie funktionieren, lange aber geht das nicht mehr gut. Das hat mit dem Internet zu tun. Hier kann sich jeder austauschen, informieren, bewerten, und genau das tun die Menschen auch. Die deutsche Perfektion hat Risse bekommen, sie war eh nie die ganze Wahrheit, sie hat aber lange, zumindest an der Oberfläche, funktioniert. Und wir finden: Es ist an der Zeit nachzudenken, ob es in digitalen Zeiten noch Sinn macht, die Fassade ständig zu restaurieren, bis sie aussieht wie jemand, der sich zu oft hat liften lassen. Unecht wirkt das Ganze dann. Und das kommt beim Kunden 4.0 nicht mehr gut an.

Was ist die Alternative?

Wir sagen: Fehler machen. Denn Fehler sind in digitalen Zeiten oft gar keine Fehler mehr, keine Sünde und auch keine Schande, sondern nur Ausdruck einer gewissen Entwicklungsstufe des Produktes oder der Dienstleistung. „Embedded Customer", der eingebettete Kunde, der einbezogen wird in die Entwicklung, ist das dazugehörige Schlagwort.[99] Bereits heute sind die Kunden dabei, wenn neue Produkte und Dienstleistungen kreiert werden. Immer populärer werden Kundenbeiräte, die bei der Produktentwicklung mitreden. Cookies von Webseiten geben über das Kundenverhalten präzise Auskunft, und der Austausch mit den Kunden über die Sozialen Medien tut ein Übriges. All das hilft, die Entwicklung zu optimieren. Heute ist ein Produkt, wenn es auf den Markt kommt, nur der erste Aufschlag. Auch der Kunde begreift die Erstversion nicht mehr als Endversion und bringt sich gerne bei der Frage ein, wie es verbessert werden kann. Den Unternehmen ist das recht, wenn das Produkt am Ende beim Kunden ankommt. Dann ist der Absatz eine sichere Nummer. Tesla, jener Vorreiter bei den Elektroautos, hat das vorgemacht. Die App, die dafür sorgen sollte, dass die Sitze im Auto sich aufheizen oder abkühlen, wurde erst dann zum Hit, als die Kunden Tipps gaben, wie sie verbessert werden könnte.[100]

Kein Wunder also, dass immer mehr Konzerne wie bereits 2012 das Telekommunikationsunternehmen E-Plus (heute Telefónica Deutschland)[101] oder die Commerzbank[102] und selbst das Deutsche Krebsforschungszentrum in Heidelberg[103] die Idee aufgreifen, Patienten und Kunden einzubeziehen. Standards sind also gar nicht mehr unbedingt das Thema. Höchstens in der Basic-Version. Worum es bei den Produkten und Dienstleistungen in Zukunft geht, ist *Individualisierung*. Das setzt Trends. Die Kunden wollen kein Durchschnittsprodukt, dass jeder hat, sie wollen eines, das zu ihnen passt. Dafür basteln sie dann gerne an der Idee mit. So mit dem Kunden zu arbeiten, setzt voraus, die Fassade der Unfehlbarkeit fallen zu lassen, denn diese Haltung gegenüber dem Kunden stammt noch aus vordigitalen Zeiten, der analogen Welt. Die Fassade schafft eine Distanz, die jetzt störend im Umgang mit dem Kunden ist. Auch der Kontakt mit dem Vorläufigen, Nicht-Perfekten ist bei den Kunden 4.0 ein grundlegend anderer, denn die Fehlertoleranz der Digital Natives ist hoch.[104] Etwas muss nur noch zu rund 80 Prozent richtig sein, den Rest deckt die Fehlertoleranz. Das klingt nach dem altbekannten Pareto-Prinzip, nach dem 80 Prozent der Ergebnisse mit 20 Prozent des Gesamtaufwandes erreicht werden können. Die verbleibenden 20 Prozent, die es bis zur Perfektion bräuchte, würden 80 Prozent der Arbeit erzeugen.[105] Das aber, finden offenbar viele der Gen Y und Z, lohne nicht. Denn die liberale Haltung gegenüber Fehlern macht es überhaupt erst möglich, für Neues offen zu sein. Wer dauernd Perfektion will, bleibt stehen, und das ist gegen das Wesen der Digitalisierung. So funktioniert Innovation nicht, eine gesunde Fehlerkultur gehört dazu. Dabei ist es wichtig, dass die Fehler früh passieren, damit Ressourcen geschont werden. Der enge Kontakt zum Kunden bereits im Anfangsstadium der Entwicklung ist daher unabdingbar.[106] Fraglich ist, ob es Produkte in Zukunft überhaupt noch bis zu einem bestimmten Reifezustand schaffen, die Produktzyklen also immer kürzer werden, weil die Idee, die dahinter steht, schon bald zum alten Eisen gehört. Qualität wird in einer solchen Welt ganz neu definiert.

Menschen aus Fleisch und Blut

Spannend an dieser Idee der Fehlertoleranz ist die Frage, ob diese Toleranz sich nur auf Dinge bezieht oder auch auf Personen. Und die Antwort lautet: Sie bezieht sich auch auf Personen. Eine Attitüde der Unfehlbarkeit als Leader eines digital operierenden Unternehmens ist gänzlich fehl am Platze. Da heißt es: Gesicht zeigen und auf Augenhöhe mit den Kunden kommunizieren. Denn der Konzernchef wird in Zukunft nicht mehr als ‚der da oben' wahrgenommen, Verbraucher und Unternehmer sind in Zukunft Partner. Der Kunde ist nicht mehr der passive Konsument. In der Wirtschaft hat durch das Internet eine radikale Demokratisierung stattgefunden. Es ist also sehr ratsam, sich aus dem Schutzpanzer der perfekten, aber zugleich langweiligen Fassade herauszuschälen und sich als *echte* Person zu erkennen zu geben. Die Botschaft lautet: Sie dürfen ein Mensch sein mit Stärken und Schwächen, etwas anderes glaubt man ihnen sowieso nicht mehr in der digitalen Welt. Die Fehler machen sie sympathisch, authentisch, zu einem Menschen, den man mag.

Fehler als Grundlage für geniale Geschäftsideen

Doch ein Mensch aus Fleisch und Blut zu sein, dem man seine Schwächen nachsieht, ist das eine, aus den begangenen Fehlern regelrecht Honig zu saugen – das Intelligenteste, was man in dem Fall machen kann – das andere. Wer so klug ist, gebiert aus den eigenen Fehlern eine umwerfende Geschäftsidee.

Wie das?

Um das zu erklären, müssen wir kurz auf das Scheitern eingehen. Eines ist klar: Scheitern ist nicht zufällig. *Nie.* Das bedeutet: Scheitern und Person gehören zusammen. Genau das wollen viele nicht wahrhaben. Immer waren es andere oder die Umstände oder beides zusammen. Doch das stimmt nicht. Andere Personen mögen ihren Anteil daran haben, auch die Umstände können erheblich dazu beigetragen haben, dass der Tiefschlag erfolgte. Doch der springende Punkt für die neue Geschäftsidee sind immer wir selbst. Wir müssen analysieren, welchen Beitrag *wir* zum Scheitern geleistet haben. Wir müssen wissen, wie unser ganz persönliches Scheitern funktioniert. Wir müssen verstehen, auf *welche Art* und *warum* wir gescheitert sind. Hört sich ungewohnt an, gerade für Unternehmerohren, denn die schieben reflexartig Misserfolge so weit wie möglich von sich. Sollten sie aber nicht. Denn die meisten Menschen scheitern immer an den *gleichen* Dingen. Das ist sozusagen die Soll-Bruch-Stelle, die jeder irgendwo hat. Menschen wiederholen ihre Fehler unzählige Male. Wer auf der Suche nach einer wirklich genialen Geschäftsidee ist, sollte vielmehr in dieser Talsohle des Misserfolgs verharren und sich das eigene Scheitern minutiös ansehen. Das fühlt sich fies an, da geben wir Ihnen Recht, aber es lohnt sich. Denn erst wenn wir verstanden haben, was da genau passiert ist, wissen wir, warum sich das wiederholt. Es ist so, als ob uns das Leben immer wieder die gleiche Frage stellt, bis wir endlich eine Antwort darauf gefunden haben. In den sich wiederholenden Fehlern versteckt sich ein wichtiges Lebensthema, das es zu erkunden gilt. Solche Erkundungen des Scheiterns sind wahre Abenteuerreisen. Wer sich darauf einlässt, entwickelt plötzlich eine Kreativität, die nicht selten zu einer hervorragenden Geschäftsidee führt, die den Durchbruch bringt, manchmal sogar weltweit.

Bestes Beispiel dafür ist Bill Gates. Bevor er der reichste Mann der Welt wurde, ist er ordentlich auf die Nase gefallen.[107] Sein erstes Unternehmen hieß Traf-O-Data, das er zusammen mit einem Kommilitonen gründete. Ziel des Start-ups war es, die Daten amerikanischer Straßenverkehrszähler auszuwerten und daraus für die Verkehrsingenieure Berichte zu erstellen. Das sollte helfen, den Verkehr zu optimieren und Stau zu vermeiden. Produkt der Firma war ein Mikroprozessor, der die Verkehrsaufzeichnungen lesen und analysieren konnte. Leider funktionierte die Demoversion nicht, und wegen der späteren, kostenlosen Bereitstellung dieser Daten durch die Bundesstaaten wurde das Produkt vollkommen überflüssig. Gates und sein Partner lernten daraus, dass nicht die Daten, sondern die Technik, die die Daten ermöglicht, die viel bessere Gründeridee war. Von nun an fokussierten sie sich auf Software. Das nächste Unternehmen hieß: Microsoft.

Auch Peter Thiel, der deutschstämmige Star-Investor der USA, scheiterte mit seinem Hedgefond ‚Clarium Capital‘. Er verlor sieben Milliarden US-Dollar. Das ist nicht gerade wenig. Das Geld versenkte er durch Fehlinvestitionen in Ölpreise, Währungen und an der Börse. Daraus lernte er eine Menge, vor allem, sich nicht zu verzetteln. Die Investitionen in PayPal und Facebook sind, wie wir wissen, sehr erfolgreich.[108]

Oder die ‚Fuck-up-Nights‘,[109] jene Nächte, in denen Menschen zu später Stunde von ihren Misserfolgen erzählen. Begonnen hatte alles mit ein paar Flaschen Bier und einer Männerrunde, in der einer anfing von seinem Scheitern zu erzählen. Plötzlich machten auch die anderen den Mund auf und berichteten, was in ihrem beruflichen Leben so alles schiefgelaufen war. Sie lachten viel in dieser Nacht. Als sie Freunden von diesem Abend erzählten, wuchs die Gemeinschaft derer, die von ihren Pleiten, Pech und Pannen berichteten und anderen damit die Chance gaben, diese Fehler in ihrem Unternehmen zu vermeiden. Keiner der Männer hätte in jener denkwürdigen Nacht gedacht, dass daraus ein Unternehmen, mehr noch, eine weltweite Bewegung erwachsen könnte. Aber genau das ist geschehen.

Das sind nur drei Beispiele, aber alle zeigen: Erst die Fehler führten zum Erfolg. In Amerika weiß man das schon lange. Dort gibt es eine ganz andere Fehlerkultur, eine Kultur des Scheiterns, die zum Unternehmertum einfach dazugehört. Wer noch nie gescheitert ist, wird nicht wirklich ernst genommen. So jemand kann aus amerikanischer Sicht kein guter Unternehmer sein. Um *richtig* gut zu werden, gehört das Scheitern sozusagen zur Grundausbildung dazu. Machen Sie es wie die Amerikaner! Lieben Sie Ihr Scheitern und schauen Sie es sich mit professionellem Blick an! Dann hat sich das Ganze auch gelohnt. Sie werden staunen, was man aus diesem Rucksack der Misserfolge, den wir alle mit uns herumtragen, alles hervorholen kann!

Wenn wir uns mit dem Scheitern befassen, rückt aber damit noch etwas in den Mittelpunkt, das eine ganz Weile hinter der Hochglanzfassade der Unternehmen verschwunden war: der Unternehmer selbst. Der Unternehmer, dieses Wesen, das in digitalen Zeiten wieder Mensch sein darf, nein, sein *muss*, um erfolgreich zu sein. Denn Führen in digitalen Zeiten funktioniert anders als in analogen Zeiten.

Leader trifft auf Digital Natives

In der unendlichen Vielfalt der digitalen Welt, die ständig in Bewegung ist, und deren Komplexität viele überfordert, ist eines ganz wichtig: *Orientierung*. Die den Mitarbeitern zu geben, ist unerlässlich, wenn man als Führungsperson wahrgenommen werden will. Orientierung kann aber nur der geben, der informiert ist. Was früher in kleinen Zirkeln der Macht unter der Hand weitergeben wurde, können die CEOs heute oft nur noch ‚bottom up‘, von unten nach oben, besorgen. Die digital erzeugte Komplexität braucht die vielen Soldaten an der Front, die wissen, was an den Märkten abgeht. Aufgabe des Leaders ist es, diese Infos zu sammeln und zu einer Gesamtstrategie zusammenzubündeln. So funktioniert Führung von morgen. Die grundsätzliche Ansprechbarkeit des Leaders und das Kommunizieren mit anderen in und außerhalb des Unternehmens werden so zu wichtigen Erfolgsfaktoren. Ein Führungsmensch vom Typ Unnahbarkeit wird es in digitalen Zeiten schwer haben. Zumindest braucht er dann jemanden, der die Kommunikation für ihn übernimmt.

Schwer haben werden es auch die, die in Zukunft nicht bereit sind, Verantwortung zu übernehmen. Wenn eine Panne passiert ist, reicht es nicht zu sagen: Alle waren irgendwie ein wenig schuld. Denn da, wo es alle waren, war es niemand. Doch wir müssen unterscheiden: *Schuld* und *Verantwortung* sind zweierlei. Wenn jemand im Ministerium Mist gebaut hat, muss der oberste Dienstherr dafür politisch geradestehen, auch wenn er es persönlich nicht gewesen ist. In der Autoindustrie scheint das anders zu sein. Die obersten Abgasmanipulatoren Deutschlands haben sich zwar, bevor die Sache mit der getunten Software aufflog, auf dem Genfer Autosalon für die hohen Umweltstandards ihrer Autos feiern lassen, ohne dabei rot zu werden, doch sie waren plötzlich wie vom Erdboden verschluckt, als es darum ging, die Verantwortung für das Desaster zu übernehmen. Sie vermieden es, auf Anraten ihrer Abschirmexperten in den Presseabteilungen, ihr Gesicht vor die Kameras zu halten, damit ihr

Antlitz nicht in einer Endlosschleife in unzähligen TV-Sendungen im Zusammenhang mit dem Abgasskandal gezeigt werden würde.

Verantwortung braucht ein Gesicht

Doch Verantwortung braucht ein *Gesicht,* jemanden, der seinen Kopf dafür hinhält, wenn mal etwas schiefgelaufen ist. Damit ist nicht nur die juristische Verantwortung gemeint, sondern vor allem die in der Kommunikation mit dem Kunden. Diese Person sollte im Idealfall auch diejenige sein, die den Turnaround herbeiführt. Dann wird das Ganze zu einer Siegessgeschichte. Führung ist kein Randthema, das in der Akte unter ‚ferner liefen' abgeheftet werden kann. Führung und Verantwortung gehören zusammen. Das erwartet der Kunde 4.0. Wir brauchen keine Wellness-Unternehmer, die nur dann an Bord bleiben, wenn sie lauwarm umspült werden, aber schon bei der nächsten größeren Welle genauso schnell wieder von Bord gehen. Das Wegtauchen, wenn Pannen passiert sind, bringt zudem nichts. Die Musterklagen gegen VW & Co. sind längst auf dem Wege, nicht nur in den USA, auch in Europa. Der Verbraucher 4.0 kennt seine Rechte.

Warum also nicht der sein, der in der Lage ist, Krisen zu managen?

Das ist allemal besser, als die hohlen Fassaden der Unfehlbarkeit aufrechtzuerhalten und sich genau damit der Lächerlichkeit preiszugeben. Ein Leader ist, wie die englische Bezeichnung es besagt, jemand, der *leitet*, und keiner, der anderen Befehle erteilt wie einst der Patriarch und sich sodann wundert, warum niemand seine Befehle ausführt. Befehl und Gehorsam mögen im Militär ihren Sinn haben. In den Unternehmen aber reicht das nicht mehr, um Menschen zu gewinnen und als Follower zu *halten*. Das schafft nur jemand, der als Mensch greifbar ist. Ein Leader, der die Zukunft gestalten will, muss zudem in der Lage sein, die Mitarbeiter für eine Idee zu begeistern, sie adäquat zu ihren Lebensmotiven einzusetzen, ihnen bei der Umsetzung der Projekte den Rücken zu stärken, indem er ihnen genügend Freiraum für das eigene Handeln gibt. Die Elemente: Delegieren, Orientierung geben, Kommunizieren, als

Person sichtbar sein, die Mitarbeiter fordern und fördern sind nur die groben Eckwerte, wie eine Führungsperson von morgen agieren muss. Es bedeutet nicht, dass man bei diesen Vorgaben, die die digitale Welt einfordert, die eigenen Lebensmotive vergisst. *Im Gegenteil.* Wenn Sie morgen noch dabei sein wollen, müssen Sie Ihren persönlichen CEO-Code finden und *leben*. Nur dann sind Sie authentisch und glaubwürdig. Genau darum geht es.

7. Der geheime CEO-Code

Bäume gehören zu den größten und faszinierendsten Lebewesen dieser Erde, vor allem alte Eichen ziehen uns magisch an, beflügeln sie doch unsere Fantasie. Oft sind sie viel älter, als es ein Mensch je werden kann, und so stellen wir uns vor, was diese Eiche alles schon erlebt hat: Soldaten, die im Krieg an ihrem Stamm rasteten, Liebespaare, die sich unter ihren Ästen den ersten Kuss gaben, Kinder, die in ihrem Schatten spielten, Wildschweine, die sich an ihrer Rinde schabten. Die Bäume haben Stürmen getrotzt, Erdbeben überlebt, Revolutionen an sich vorbeiziehen lassen – und stehen immer noch da. Ein Hauch von Ewigkeit umweht sie. Wir spüren, die Bäume haben ein Wissen, eine Klugheit, die sich aus diesem Erfahrungsschatz speist. Es überrascht daher nicht, dass das Buch von Peter Wohlleben „Das geheime Leben der Bäume" zu einem Bestseller wurde.[110] Es erzählt die wissenschaftliche Geschichte vom Leben der Bäume, einem Leben, von dem wir zwar immer schon eine vage Ahnung hatten, aber am Ende doch nicht wirklich darüber Bescheid wussten: Wir erfahren, dass Bäume miteinander kommunizieren, dass sie füreinander sorgen, wenn das Wasser in heißen Sommern spärlich fließt, Überschwemmungen ihre Existenz bedrohen, Ungeziefer über sie herfallen. Wir lesen, dass Bäume bestimmte Pflanzen in ihrer Umgebung mögen und andere nicht. Das klingt dann fast schon menschlich.

Die Faszination der Bäume auf uns, vor allem die mit dickem, knorrigem Stamm, ist jedoch nicht nur diesem ‚Hauch der Ewigkeit‘ geschuldet. Wenn wir älter werden, erkennen wir, dass wir uns in dem Leben der Bäume oft selbst spiegeln – und mit diesem Vergleich goldrichtig liegen. Denn auch wir haben eine Wurzel, aus der wir gewachsen sind. Das sind unsere angeborenen *Motive*. Diese Wurzel macht uns einmalig, unverkennbar, individuell: Sie ist unsere Energie und Lebensquelle. Aus ihr können wir jederzeit von Neuem Energie schöpfen. Diese Kraft ist immer aktiv. Wir haben aber auch einen Stamm, genau wie der Baum. Das sind unsere *Erfahrungen*.

Erfahrungen, die uns in besonderer Weise geprägt haben, sind schmerzvolle Erlebnisse. Daher nennen wir diese Erfahrungen ‚Urschmerzen‘. Diese Urschmerzen verursachen *Emotionen,* die Spuren in unserem emotionalen Gedächtnis hinterlassen, vergleichbar mit den Jahresringen der Bäume. Sie prägen unser *Verhalten,* unsere *Denkgewohnheiten* und unsere *Wahrnehmungsmuster.* Mit diesen Urschmerzen sind oft Themen verbunden, die uns ein Leben lang begleiten, es sind sogenannte *Lebensthemen.* Selbstverständlich machen wir nicht nur schmerzvolle Erfahrungen in unserem Leben, sondern auch gute. Das ist dann der Fall, wenn wir spüren, dass wir im Einklang mit unserer Wurzel sind. Wir bezeichnen sie als ‚Flow-Erlebnisse‘. Diese Emotion des Sieges, der Überwindung, der Performance wollen wir immer wieder erleben. Auch dieses Wissen verankern wir in unserem Gedächtnis. Das Konglomerat aus allen unseren Erfahrungen im Leben nennen wir das *implizite Wissen.* In diesem impliziten Wissen sind Ressourcen verborgen, von denen wir oft gar nichts wissen, jedenfalls nicht bewusst. Dieses implizite Wissen ist ein Schatz, ein Wissen, welches vielen Unternehmern in schwierigen Zeiten hilft, instinktiv die richtige Entscheidung zu treffen. Neben dem impliziten Wissen und den Lebensmotiven, haben wir zudem mit der großen Warum-Frage zu tun: *Warum tun wir, was wir tun?* Es ist die Frage nach unseren *Visionen,* unserer *Berufung,* nach unserem *Fußabdruck im Leben,* den wir hinterlassen wollen, wenn wir diese Welt wieder verlassen. Diese Frage nach dem Warum zielt auf den *Sinn* unseres Tuns. Diese drei Bereiche – die Lebensmotive, das Warum und unser implizites Wissen – machen unsere *Identität* als Person aus.

Die zwei Seiten der Medaille

Bekanntlich hat eine Medaille immer zwei Seiten, und das ist auch in diesem Fall nicht anders. In dem wertvollen persönlichen Schatz, unserer *DNA als Person,* können Fehler auftreten. Diese Fehler manifestieren sich in ‚Glaubenssätzen‘, etwa dem „Ich bin das wert, was ich leiste". Ein gefährlicher Glaubenssatz, denn er bedeutet im

Umkehrschluss: Wenn ich nichts leiste, bin ich auch nichts wert. Solche Glaubenssätze müssen unbedingt aufgelöst werden, denn sie blockieren uns. Sie sind vergleichbar mit der Schädigung eines Gens auf der DNA. Viele Menschen tragen solche schädigenden Glaubenssätze seit ihrer Kindheit mit sich herum, oft sind sie entstanden in einem unzugänglichen Dickicht aus Tradition, Erziehung und der Meinung anderer sowie ganz persönlichen Erfahrungen. Hindernisse kommen aber nicht nur von den Glaubenssätzen. Auch unsere Lebensmotive können uns daran hindern, unsere beruflichen oder privaten Ziele umzusetzen, nämlich dann, wenn wir in Situationen kommen, die nicht zu unseren Motiven passen. In dem Fall können wir unsere Leistung nicht wie gewohnt abrufen. Unsere Performance misslingt. Neben den Glaubenssätzen und den Lebensmotiven kann auch unser ganz *persönliches Warum* stören, beispielsweise, wenn wir uns dieses Warum nie wirklich bewusst gemacht haben, es für uns noch gar nicht definiert haben.

In diesem Kapitel wollen wir vom Scheitern wie vom Gelingen dieser drei Elemente sprechen und davon, was sie mit uns machen – im positiven wie im negativen Sinn. Denn diese drei Stränge, die unsere *Identität als Mensch* ausmachen, haben direkte Auswirkungen auf unseren Erfolg oder Misserfolg als Unternehmer. Wenn zwischen den dreien Disharmonie herrscht, spiegelt sich das auch in der alltäglichen Arbeit im Unternehmen wider. Konflikte brechen auf, Reibungsverluste entstehen, die Gründe aber bleiben im Dunkeln. Licht in dieses Dunkel zu bringen, muss das Ziel sein, wenn wir unseren persönlichen CEO-Code entdecken wollen. Wenn wir es schaffen, alle drei Komponenten miteinander in Einklang zu bringen – sowohl rational wie auch emotional –, dürfen wir von unserem ganz individuellen CEO-Code sprechen.

Doch wie knackt man diesen individuellen CEO-Code?

Mensch trifft auf Situation

Widmen wir uns zuerst unseren Wurzeln, der DNA unserer Motive. Wenn die Performance von CEOs nicht überzeugt, gehen Vorstand und Aufsichtsrat großer Konzerne ganz selbstverständlich davon aus, dass mit dem Mann irgendetwas nicht stimmt. In Ermangelung besseren Wissens werden als Fehlerquelle fehlende Managementtechniken, sprich, *die Kompetenzen* des Underperformers für das enttäuschende Ergebnis verantwortlich gemacht. Auch in kleineren und mittleren Unternehmen ist das nicht anders. Dabei sind die Ursachen für den Absturz ganz woanders zu suchen als im Nichtvorhandensein von Kenntnissen. Wenn es sich nur um mangelnde Kompetenzen handeln würde, wäre die Sache harmlos. So etwas lässt sich ausbügeln. In Wahrheit geht die Sache tiefer: Die Probleme sind in der Persönlichkeit der Führungsperson verwurzelt. An ganz konkreten Beispielen wollen wir erklären, worum es dabei geht.

Unternehmer sind großen Veränderungen ausgesetzt: Neue Produkte und Dienstleistungen erobern den Markt, unbekannte Wettbewerber tauchen aus dem Nichts auf, Fusionen drehen den Markt, Mitarbeiter kommen und gehen, die Führungsspitze wird ausgewechselt, politische Interventionen schotten vielversprechende Märkte ab und vieles mehr. Das Wirtschaftsleben, in dem sich Unternehmer zurechtfinden müssen, ändert sich ständig. Meistens sind solche Veränderungen für Unternehmer eine Quelle der Freude, denn Unternehmer sind Menschen, die Herausforderungen lieben und sich, wenn Stillstand herrscht, langweilen. Für diesen ständigen Wandel des Lebens hat der griechische Philosoph Heraklit die passende Metapher gefunden: „Alles fließt."[111] Der Satz trifft zu: Das Leben bedeutet ständige Veränderung.

Der Mensch als Konstante

Etwas anderes gilt für den Menschen. Seine Motivationsstruktur bleibt stabil. *Sie ist nicht veränderbar.* Hier sollten wir innehalten und den Satz wirken lassen. Denn unsere Kultur sagt etwas gänzlich anderes: Die christliche Kultur geht davon aus, dass wir als Ebenbild Gottes mit Schöpferkraft gesegnet sind. So wie wir Dinge erfinden, können wir uns angeblich als Menschen auch immer wieder *neu erfinden.* Unsere Kultur ist auf diese Idee geradezu fixiert. Wir können den Beruf wechseln genau wie den Wohnort, den Lebenspartner oder unsere Kleider. Das Wort ‚neu‘ ist zu einem wichtigen Dreh- und Angelpunkt der westlichen Kultur geworden. Wir glauben so sein zu können wie Superstar David Bowie, der nicht nur durch sein ständig verändertes Erscheinungsbild einem Chamäleon glich, sondern auch ganz unterschiedliche Musikstile hervorbrachte. Wir aber sagen: Wir können zwar unser *Verhalten variieren,* die Struktur unserer Motive aber nicht. Auch bei David Bowie sind die Motive gleich geblieben, selbst wenn das, was er als Musiker komponierte, so unterschiedlich klang. Das steht in keinem Widerspruch. Die Konstante in seinem Leben war die Kreativität, vermutlich würde er bei einem Test beim Lebensmotiv Ordnung geringe Werte erzielt haben und beim Lebensmotiv Neugier sehr hohe. Wir müssen also, wenn wir den CEO-Code knacken wollen, mit einem Vorurteil aufräu- men: Wenn Situation und Mensch aufeinandertreffen, ist in diesem Spiel der Mensch die *Konstante* und die Situation die *Unbekannte.*

Die Erkenntnis, dass die Lebensmotive konstant bleiben, egal in welcher Situation wir uns befinden, ist zunächst ein Schock. Wol- len wir doch über uns hinauswachsen, dazulernen, uns häuten und unseren Horizont erweitern. Das aber tun wir auch: Wir lernen dazu, wissen mit der Zeit immer besser, wer wir sind, passen unser Verhalten an, gewinnen neue Erkenntnisse. Doch dieses Wachsen ist wie bei einem Baum. Die Wurzeln bleiben die gleichen. Genau- genommen ist das Wachstum nur möglich, weil die Wurzeln iden- tisch bleiben. Auch der Baum würde sein Wachstum einstellen, wenn ihm die Wurzeln gekappt würden. Jemand, der nach Anerkennung strebt, wird dies ein Leben lang tun. Ein anderer, dem Ordnung sehr wichtig ist, wird ordentliche Verhältnisse ein Leben lang lieben. Ein Dritter, dem das Wetteifern mit anderen im Blut liegt, so wie es bei Thomas Middelhoff nach eigenem Bekunden der Fall war, wird ein wettbewerbsorientierter Mensch bleiben, auch wenn er in Interviews anderes behauptet.[112]

Dass es diese lebenslange Disposition gibt, müssen wir akzeptieren und als etwas Positives begreifen: Denn Menschen, die sich selbst gut kennen, sind in der Lage, ein wesentlich glücklicheres Leben zu führen als diejenigen, die sich Illusionen hingeben und glauben, jemand anderer zu sein, als sie tatsächlich sind. Das kann nur zu Konflikten im beruflichen wie im privaten Leben führen. Der Mensch aber, der um sich weiß, kann seine Fähigkeiten voll und ganz ausschöpfen. Die anderen nicht. Die bleiben auf halber Strecke liegen. Das Glück kann nur der finden, der das Profil seiner Motive kennt. Selbstverständlich sind es nicht nur die Lebensmotive, die unser Verhalten lenken. Hinzu kommen die Werte, die uns in unserem kulturellen Umfeld vorgelebt werden. Instinktiv suchen wir uns die aus, die zu unseren Lebensmotiven passen; zumindest dann, wenn wir frei in der Entscheidung sind. Werden wir jedoch in einem Elternhaus groß, dass massiven Druck auf uns ausübt, diesen oder jenen Wert zu leben, kann es zu Verschiebungen kommen. Auch die Kultur, in der wir leben, spielt eine große Rolle, wie weit wir unsere Lebensmotive ausleben können. Ist uns beispielsweise Unabhängigkeit wichtig, leben aber in einer geschlossenen Gesellschaft wie dem Iran, wird es schwierig (siehe dazu die näheren Ausführungen zu dem Thema Werte in Kapitel 8).

Ist das mein Spielfeld?

Wenn wir uns diese Erkenntnis zu eigen machen, ist die Wahrnehmung des Spielfelds, manchmal des Schlachtfelds, das sich im Alltag dem Unternehmer bietet, ein gänzlich anderes. Wenn wir wissen, dass *wir* in diesem Spiel die Konstante sind, betrachten wir das Spielfeld genauer und überlegen, ob die Spielsituation überhaupt zu uns passt. Ein solches Innehalten ist sinnvoll, denn viele Unternehmer wähnen sich unverwundbar zu sein wie Siegfried, der scheinbar unbesiegbare Held der germanischen Saga „Die Nibelungen". Bekanntlich kam Siegfried dennoch zu Tode, denn Hagen, sein

Gegenspieler, erfuhr von Siegfrieds Frau Krimhild, an welcher Stelle Siegfried verwundbar war. Er bohrte seine Lanze genau dort in den Körper, wo Siegfried schutzlos war, weil beim Bad im schützenden Drachenblut an dieser Stelle ein Lindenblatt gelegen hatte.

Für unbesiegbar wie Siegfried halten sich auch viele Unternehmer; zumal dann, wenn sie zuvor große Erfolge eingefahren haben. Doch während sie noch in diesem Gefühl schwelgen, sind sie in Wahrheit längst dabei, ihr Unternehmen gegen die Wand zu fahren. Ohne dieses Wissen um die menschliche Konstante in diesem Spiel, glauben viele Unternehmer, dass sie *alles* können und daher einfach nur *anders* reagieren müssten, wenn sich die Umstände geändert haben. Dann, ja dann würden sie die Situation schon in den Griff kriegen. Genau an dieser Stelle kommen Unternehmer an ihre Grenzen.

Warum?

Weil sie die DNA ihrer Motive nicht wie Legosteine austauschen können. Es ist von tiefer Wahrheit, wenn wir manchmal schulterzuckend über jemanden sagen: „Der kann nicht anders. Der ist halt so." In der Tat: Genau so ist es. Der Mann kann nicht anders. Wir *alle* können nicht anders. Unsere Lebensmotive sind, wie sie eben sind. Unternehmer sind da keine Ausnahme. Und es ist gut und richtig, der zu bleiben, der man ist, denn genau damit sind viele Unternehmer erfolgreich. Gefährlich wird es nur dann, wenn die Veränderung der Situation genau die Lebensmotive betrifft, die entweder *besonders stark* oder *besonders gering* ausgeprägt sind. Dann kommt es zu Störfällen mit weitreichenden Folgen, wie wir in den folgenden Beispielen sehen können.

Der Empfindsame

Kunst faszinierte ihn schon als Kind. Da seine Eltern Unternehmer waren, traute auch er sich den Sprung in die Selbstständigkeit zu. Doch der Laden kam nicht so recht in Schwung – trotz großer Expertise des Inhabers. Als er uns rief, machten wir den Test und staunten nicht schlecht: Beim Lebensmotiv Beziehungen dümpelten seine Werte im Minusbereich. Nicht gerade günstige Voraussetzungen für Verkauf, Vertrieb oder den Aufbau von Geschäftsbeziehungen, dachten wir. Schließlich war der Mann gezwungen, in der Kunstszene Kontakte zu knüpfen, und auch beim Verkauf in seinem Geschäft stand er an der Front. Er musste die Skulpturen und Bilder an die Frau und den Mann bringen. Von Natur aus ein Beziehungsmuffel zu sein, ist das eine, wenn sich dann aber noch ein hoher Wert beim Lebensmotiv Anerkennung dazugesellt, wird es im Verkauf schwierig. Denn das bedeutet: Dieser Mensch ist vom Urteil anderer abhängig. Dementsprechend war es ihm nicht gegönnt, mit Kritik an seiner Person locker umzugehen. Da ihm der Kontakt mit den Kunden keine Freude bereitete, bekam er häufig Kritik zu hören. Das wiederum vertiefte seine Aversion gegen das Verkaufen. Beim Thema Schönheit, das dem Lebensmotiv Eros zugeordnet wird, zeigte er ebenfalls hohe Werte. Das war – anders als die vorherigen Lebensmotive – gut für seinen Kunsthandel. Wir wussten, wir mussten mit ihm dringend über seine Lebensmotive sprechen. Im Gespräch bohrten wir so lange, bis er über dieses Unbehagen beim Verkaufen sprach. Als er es ausgesprochen hatte, sagte er: „Tja, ich hätte wohl keinen Kunsthandel aufmachen sollen!" Wir widersprachen, denn die Kunst war bei ihm durchaus in guten Händen, er hatte Geschmack und einen guten Riecher für Künstler, die am Markt reüssieren könnten. Den Verkauf aber, so rieten wir ihm, sollte er doch bitte anderen überlassen. Er war erleichtert, das zu hören, denn immer wieder hatte er sich selbst gedrängt, im Verkauf zu arbeiten, hatte gedacht, dass dies zu seinen Aufgaben dazugehören würde. Schon bald stellte er eine Verkäuferin ein, die beim Test einen besonders hohen Wert beim Lebensmotiv Beziehungen erreichte. Das Geschäft lief schon nach wenigen Wochen deutlich besser. Der Mann widmete sich fortan den Dingen, von denen er etwas verstand, und da er dort ausschließlich mit Menschen zu tun hatte, die von der Kunst lebten, fiel ihm das Aufbauen und Pflegen dieser Kontakte viel leichter als im Verkauf. Vermutlich traf er dort auf Menschen, die ähnliche Lebensmotive hatten wie er. Heute ist er einer der wichtigsten Player in der Kunstszene.

Der Unabhängige

Ein anderer wiederum bat uns um Hilfe, als er von seinem Vater das Geschäft erbte und nun ziemlich ratlos war, was er mit den fünf Filialen anfangen sollte. Die Geschäftsidee seines Vaters, einen Zigarrenladen mit edlen Zigarren aus aller Welt zu führen, gefiel ihm zwar, was ihm aber Angst machte, war die Vorstellung, jeden Tag mit den gleichen Leuten am gleichen Ort arbeiten zu müssen und womöglich auch immer wieder den gleichen Kunden zu begegnen. Kein Wunder, dass er diese Befürchtungen hatte, denn sein Lebensmotiv Unabhängigkeit bewegte sich auf dem obersten Level. Als wäre das noch nicht genug der schlechten Nachrichten in Bezug auf die Frage, ob er das Geschäft fortführen sollte oder nicht, tendierte auch noch das Motiv Beziehungen gegen Null. Wir rieten dem Mann davon ab, das Geschäft seines Vaters zu übernehmen. Der junge Mann verkaufte daraufhin das Unternehmen gewinnbringend und wurde Fotoreporter. Mit dem Geld konnte er sich, ohne finanziell unter Druck zu geraten, in dem knallharten Job einen Namen machen. Heute arbeitet er für führende Tageszeitungen und Magazine. Viele seiner Fotos wurden ausgezeichnet. Seine Ausstellungen führten ihn rund um den Globus. Manchmal muss man halt seinem Herzen folgen.

Persönliche Grenzen ernst nehmen

Unternehmern fällt es in der Regel schwer, ihre Grenzen zu erkennen, sind doch viele von ihnen Grenzüberschreiter, oft Pioniere auf ihrem Gebiet. Sich zurückzunehmen ist nicht ihr Ding. Das aber müssen sie lernen, wenn ihre Lebensmotive nicht zur Situation passen. Denn wenn Situationen uns überfordern, geraten wir in Stress. Unter Stress aber fallen wir in alte Verhaltensmuster zurück, weil unser emotionales Gedächtnis uns glauben lässt, dass dieses Verhalten zur Rettung beiträgt. Manchmal stimmt das, manchmal nicht. Wenn aber die Situation grundlegend *anders* ist als die Situation, in der unser Handeln in der Vergangenheit genau richtig war, werden wir keine Lösung finden. Instinktiv spüren viele Menschen dann, dass sie an ihre Grenzen kommen, die Situation sie überfordert. Das aber gestehen sich die meisten Unternehmer nicht ein. Der Anspruch ist, *alles* zu können. Doch es gibt niemanden auf der Welt, der alles kann. Gerade unsere Stärken können in bestimmten Situationen unsere größten Schwächen sein. Sich das einzugestehen, setzt voraus, dass wir ehrlich mit uns selbst sind. Das aber haben viele nie gelernt, wenn sie die Karrierestufen hinaufgeklettert sind. Auf dem Weg nach oben standen ganz andere Fragen im Raum, etwa die, wie sie es schaffen, immer zu funktionieren. Nehmen wir ein Beispiel aus unserer Beratung.

Der Wundermann

Wir haben vor zwei Jahren einen CEO beraten, der in seinem Motivationsprofil beim Lebensmotiv Macht geringe Werte hatte, auch das Lebensmotiv Rache war im Minusbereich. Beim Lebensmotiv Beziehungen zeigte sich hingegen eine starke Ausprägung. Der Mann hatte mit diesem Motivationsprofil eine große Karriere hingelegt, war in seinem Beruf eine ganz große Nummer. Seine Stärken als Manager waren das Delegieren, die gezielte Förderung von Mitarbeitern und das Aufbauen und Pflegen von Netzwerken in und außerhalb des Unternehmens. Das genau waren auch seine Verantwortlichkeiten im Konzern: Personalverantwortung, das Anschieben innovativer Projekte, bei denen Fingerspitzengefühl und gute Netzwerke gefragt waren, sowie die Kontaktpflege mit einflussreichen Lobbyisten und Politikern. Die Aufgabe hatte der Mann viele Jahre glänzend erledigt. Seine Erfolge hatten sich in der Branche herumgesprochen. Man warb ihn ab. Im neuen Unternehmen waren die Erwartungen hoch. Doch statt Wunder lieferte der Mann eine enttäuschende Bilanz. Alle entscheidenden Machtkämpfe im Konzern hatte er verloren. Auch aus den Auseinandersetzungen mit den Konkurrenten am Markt war er nicht als Sieger hervorgegangen. Er scheiterte auf ganzer Linie.

Der ständige Wettbewerb, das Hauen und Stechen im Konzern, hatte dem Mann arg zugesetzt, auch gesundheitlich.

Warum war der Mann gescheitert?

So erfolgreich er zuvor gewesen war, so wenig passten seine Lebensmotive zum neuen Umfeld. Ganz plötzlich fand sich dieser Mann in einem stark umkämpften Markt wieder. Um diesen Job zu meistern, hätten bei ihm die Lebensmotive Macht und Rache ausgeprägt sein müssen. Dann hätte er sich mit dieser Aufgabe wohlgefühlt. Menschen, bei denen diese Lebensmotive dominieren, blühen bei solchen Herausforderungen geradezu auf. Es macht ihnen richtig Spaß, wenn sie ihre Muskeln spielen lassen und Wettbewerber aus dem Feld schlagen können. Sie lieben es, sich mit anderen zu messen, sehen Niederlagen sportlich und greifen dann erneut an. Nach dem Motto: Die Jagdsaison ist wieder eröffnet!

Ein Kulturwandel muss her

Da, wo andere abwinken, laufen sich wettbewerbsorientierte Menschen erst warm. Doch unser Kandidat war alles andere als warm gelaufen, er war bereits nach einem dreiviertel Jahr erschöpft, fühlte sich ausgelaugt, überfordert. Es kam, wie es kommen musste: Als die Erfolge auf sich warten ließen, stellte man ihm Berater zur Seite im festen Glauben daran, dass der Mann *ein wenig repariert*, bei seinen Kompetenzen *ein wenig nachgeholfen* werden müsste. Doch die Gespräche und auch der Test zeigten, dass mit dem Mann alles in bester Ordnung war, er nur schlicht und ergreifend auf dem falschen Spielfeld stand. Weil wir wussten, dass es hier nichts zu reparieren gab, verzichteten wir darauf, mit dem Mann ein Motivationsprogramm zu absolvieren. Das wäre demütigend gewesen und unnütz zudem. Denn Motivation funktioniert nur, wenn die Lebensmotive stimuliert sind. Ist das nicht der Fall, bringen Motivationsprogramme rein gar nichts. Das ist eine ungewöhnliche Erkenntnis und in den Personalabteilungen weitgehend unbekannt. Wir haben bereits in Kapitel 1 deutlich gemacht, dass es sich bei der Vorgehensweise ‚Mensch und Situation' zusammenzubringen, um einen *revolutionären Ansatz* handelt, der die Personalpolitik in vielen Unternehmen grundlegend umkrempeln wird. Wir quälten den Mann also nicht weiter. Schließlich will jeder Mensch aus eigener Kraft Leistung erbringen. Dass er dazu imstande war, hatte der Mann in der Vergangenheit bereits vielfach unter Beweis gestellt. Wir rieten ihm, den Job zu wechseln und erneut Aufgaben zu suchen, in denen er seine Stärken ausspielen könnte. Das tat er dann auch. Die Lektion war bitter, aber er hatte verstanden: *Mensch und Situation müssen zueinander passen.*

Die Betroffenen verstehen das oft viel besser als Vorstand und Aufsichtsrat. Sie spüren, dass etwas Grundsätzliches nicht stimmt. Im Aufsichtsrat und Vorstand aber glaubt man, ein Mensch, der in einem anderen Unternehmen einen Erfolg an den nächsten gereiht hat, wäre auch der richtige Mann für ihr eigenes Unternehmen. Doch das ist nicht zwingend so. Wir erinnern uns an Kapitel 1: Der Mensch ist die Konstante, die Situationen aber sind vielfältig. Es muss einfach passen. Wenn das nicht zutrifft, muss der Mann an der Spitze ausgetauscht werden und dort jemand die Führungsrolle übernehmen, bei dem das Motivationsprofil sich zur Situation fügt wie ein Puzzleteil zum anderen. Da wiederum, wo diplomatisches Geschick gefragt ist, sind Menschen nützlich, bei denen das Lebensmotiv Beziehungen dominiert. Es kommt eben darauf an – je nachdem, was die Situation erfordert. Festzustellen, ob die Chemie stimmt oder nicht, dazu bedarf es großer Ehrlichkeit mit sich selbst und anderen. Die Verantwortlichen in den Vorständen und in den Aufsichtsräten müssen endlich akzeptieren: Bei Führungsverantwortung gibt es – wie überall im Leben – *Zyklen*. Wenn Markt oder politisches Umfeld sich grundlegend geändert haben, ist es sehr wahrscheinlich, dass auch an der Spitze des Unternehmens ein anderer benötigt wird. Leider wird hier oft viel zu lange herumgedoktert. Dann entwickelt sich ein monatelanges Trauerspiel, das für niemanden angenehm ist. Wir sagen es an

Führungsverantwortung unterliegt Zyklen. Das ist ein normaler Vorgang. Vorstände und Aufsichtsräte müssen das verstehen.

dieser Stelle in aller Deutlichkeit: Wir brauchen bei der Frage, wie wir Führungsverantwortung in Zukunft verstehen, ganz dringend einen Kulturwandel!

Business as usual

Es muss in Zukunft ein gewöhnlicher Vorgang sein, den Kapitän des Unternehmerschiffes zu wechseln, wenn der Wind gedreht hat. Das ist keine Herabsetzung des Vorgängers. Es ist *allein* der Tatsache geschuldet, dass die Zeiten sich geändert haben. Dieser Vorgang muss ganz ohne Gesichtsverlust über die Bühne gehen, und der Mann an der Spitze kann sich getrost neuen Aufgaben zuwenden – vielleicht sogar im gleichen Unternehmen. Damit ist allen gedient.

Diesem Kulturwandel aber steht die weit verbreitete Auffassung entgegen, es genüge, wenn die Kompetenz zur Aufgabe passe. Diese *funktionale Auffassung von Führung* überwiegt nach wie vor in deutschen Unternehmen. Machen wir jedoch weiter wie bisher, werden die bekannten Trauerspiele noch oft aufgeführt werden. Trauerspiele sind aber nur in der Oper oder im Theater schön. In der Realität kosten sie Zeit, Geld, Prestige. Manchmal wird dabei sogar ein ganzer Konzern versenkt. Umdenken wäre für alle angenehmer und kostengünstiger. Deswegen plädieren wir ganz entschieden für diesen Kulturwandel im Hinblick auf einen als zyklisch verstandenen Führungswechsel. Ein CEO, der im Einvernehmen mit den Kontrollinstanzen von Bord geht, wenn seine Arbeit getan ist, ist eine Führungsperson, die weiß, wo ihre Stärken liegen und wann es sinnvoll ist, zu gehen. Sie kehrt zurück, wenn ihre Person und ihr Können wieder gefragt sind. In der Zwischenzeit übernimmt jemand anderes das Ruder. Immerhin hat Steve Jobs, als er zu Apple zurückkehrte, eine noch bessere Performance hingelegt als zuvor. Wenn wir dieses Umdenken in den Köpfen hinkriegen, und den, der geht, nicht als ‚persona non grata‘, als unerwünschte Person, im Unternehmen diffamieren, brauchen wir uns um die Zukunft der deutschen Unternehmen keine Sorgen zu machen. Der Wechsel von hier nach da und wieder zurück muss ‚business as usual‘ sein. Wie beim Sport wird der Stab übergeben, und der andere rennt weiter, bis das Team den Sieg errungen hat. Doch der Weg bis zu diesem Verständnis von Führungsverantwortung ist noch weit. Deutschland ist in dieser Hinsicht sehr konservativ.

Die Digitalisierung sprengt Ordnungen

Dabei müssen wir uns auf diesen Kulturwandel schneller zubewegen, als manchem lieb ist, denn die Digitalisierung fordert genau das ein: Das Wandern der Führungsverantwortung von einem zum anderen. Selbst innerhalb einer kleinen Gruppe auf mittlerer Managementebene wird in Zukunft so agiert werden müssen. Wenn andere Lebensmotive und andere Kompetenzen gefragt sind, weil die Situation sich grundlegend geändert hat, geht die Führungsverantwortung einfach zu dem, dessen Lebensmotive und Kompetenzen genau mit dieser Situation konform sind. Dieses professionelle Loslassenkönnen muss in Zukunft als Teil der Führungsverantwortung verstanden werden. Es muss zum Normalzustand werden, zu sagen: „Das ist jetzt nicht mehr mein Spielfeld, das können andere besser. Meine Aufgabe ist erfüllt." Das Ganze lässt sich ohne Imageverlust und im Einvernehmen mit Vorstand und Aufsichtsrat regeln. *So muss es in Zukunft sein!*

> Das professionelle Loslassenkönnen muss in Zukunft Teil der Führungsaufgabe sein. Der Wechsel an der Spitze muss zum Normalzustand werden – ganz ohne Imageverlust.

Doch sind wir mal ehrlich: In deutschen Unternehmen wird das schwer. Denn dort ist das Handeln vom hierarchischen Denken geprägt. Dieses hierarchische Denken und Handeln geht einher mit der Vorstellung von festen Ordnungen. In Deutschland liebt man das. Der Satz „Ordnung ist das halbe Leben" erfreut sich in Deutschland nach wie vor größter Beliebtheit. Wir erinnern uns daran, dass wir Weltmeister bei den DIN-Normen sind. Das ist sicher kein Zufall. Diese Einstellung hat dazu geführt, dass wir Prozesse bis zum

Gehtnichtmehr strukturiert haben, sodass Menschen aus anderen Kulturen fassungslos sind angesichts der hohen Qualität, die zudem äußerst effizient hergestellt wird. Kein Materialverlust. Kein Zeitverlust. Jahrzehntelang haben wir an den Schrauben dieser Prozesse gedreht. Ganze Managementschulen haben davon gelebt, Prozesse so perfekt zu optimieren, dass diese nahezu von selbst funktionieren. Genau diese Einstellung hat Produkte ‚Made in Germany' weltberühmt gemacht.

Warum also etwas ändern, was perfekt ist? Heißt es nicht: „Never change a winning team?"

Die Zeit zum Wechsel ist gekommen, wenn aus dem Winning-Team ein Loosing-Team wird, so wie das bei der deutschen Fußballnationalmannschaft zuletzt der Fall war. Wenn etwas nicht mehr funktioniert, muss es geändert werden. Dass viele erfolgreiche Player innerhalb kürzester Zeit ins Hintertreffen geraten werden, wenn ihnen die Transformation ins digitale Zeitalter nicht rechtzeitig gelingt, ist abzusehen. Denn die Digitalisierung sprengt althergebrachte Ordnungen. Es wird spannend werden, wie Organisationsgurus vom Format eines Fredmund Malik mit dieser Herausforderung umgehen werden. Noch übt das Malik-Management-Zentrum in St. Gallen auf Manager und Unternehmer eine magische Anziehungskraft aus, in etwa so wie der Wallfahrtsort Lourdes für Gläubige. Doch ob das so bleibt, ist zweifelhaft, denn alles, was Malik gelehrt hat und zu seiner Zeit gut und richtig, manchmal sogar hervorragend war, steht nun zur Disposition. Das zu sagen, ist nicht übertrieben, denn die Digitalisierung stellt alles auf den Kopf. Wir wissen längst, dass das Tempo, das die Digitalisierung ins Wirtschaftsleben gebracht hat, Ordnungen im herkömmlichen Sinn ad absurdum führt. Das Schweizer Telekommunikationsunternehmen Swisscom, das sich auf Digitalisierungsfragen spezialisiert hat, führt dazu aus:

„Im Zuge der Digitalisierung nimmt die Geschwindigkeit, mit der sich die Rahmenbedingungen für Unternehmen verändern, massiv zu. Neue Produkte und Services erobern in immer kürzeren Abständen die Märkte und verschwinden manchmal genauso schnell wieder von der Bildfläche. Neue Wettbewerber revolutionieren traditionelle Marktstrukturen und erfordern von etablierten Playern erhebliche Veränderungen. Die schnelle Anpassungsfähigkeit an sich wandelnde Marktbedingungen wird damit zur zentralen Anforderung an Geschäftsprozesse und muss von der IT unterstützt werden. Starre Prozessmodelle und fest definierte Abläufe bieten nicht die notwendige Agilität, um im schnell wandelnden Marktumfeld wettbewerbs- und überlebensfähig zu bleiben."[113]

Und bei Anne M. Schüller, die einen Bestseller über neue, zukunftsfähige, sogenannte ‚Touch-Point-Unternehmen' geschrieben hat, heißt es dazu:

„Eines ist sicher: Auf der Reise in die Zukunft braucht man leichtes Gepäck, weil die Märkte wie die Hasen immer neue Haken schlagen. Für Planzahlspiele, Budgetierungsexzesse und Excellsheet-Orgien bleibt keine Zeit. ‚Planung kann nie schneller sein als die nächste Veränderung', heißt es im Turboland China. Deshalb muss zunächst der bleischwere Ballast aus alten Businesstagen über Bord: Traditionen, die nie hinterfragt worden sind, heilige Kühe, die keiner schlachten wollte, Managementmethoden, die schon eine rostige Patina tragen. [...] Die Liste veralteter Methoden und Prozesse ist lang. Doch festgezurrte Systeme neigen per se zur Kontinuität anstatt zum forschen Handeln. Und Kontrolle ist ein zurückblickendes Instrument, das nur Fehlentwicklungen zeigen kann, die bereits stattgefunden haben. Durch Bürokratie und Administration werden Entscheidungen verzögert, verhindert oder in die falsche Richtung gelenkt. Und Standards bewirken eben nur Standards – und damit langweiliges Mittelmaß. [...] Was den Unternehmen heute am Markt begegnet, ist permanente Vorläufigkeit. Die einzige Gewissheit ist die, dass Plan und Wirklichkeit bereits am zweiten Tag des neuen Geschäftsjahres auseinanderdriften."[114]

Fest definierte Abläufe gehören also der Vergangenheit an. Wir schließen uns dieser Einschätzung an. Doch wir müssen uns vergegenwärtigen: Auf diesen fest definierten Abläufen gründen *alle* bisherigen Organisationsprozesse in der Wirtschaft. Starre Organisationsabläufe sind Teil der *funktionalen Führung,* die vor allem in deutschen Unternehmen mit Wonne zelebriert wird. Funktionale Führung und fest geregelte Ordnungsabläufe gehören zusammen wie das Amen in die Kirche. Doch die Karten werden jetzt neu gemischt. Viele Fragen, die geklärt schienen, müssen neu gestellt werden, beispielsweise: Wie müssen Prozesse zukünftig organisiert sein? Was bedeutet überhaupt Organisation unter den Bedingungen der Digitalisierung? In welchem Verhältnis stehen Organisation und das, was wir als ‚New Leadership‘ bezeichnen?

Konzentrieren wir uns aufgrund unserer Themenstellung darauf, welche Fragen die Digitalisierung zum Thema Führung aufwirft. Konkret: Was bedeutet es für Menschen mit Führungsverantwortung, wenn die Prozesse so fließend und veränderbar werden wie das digitale Leben selbst?

Es bedeutet zunächst einmal, dass auch die Führungsverantwortung fließend wird, wir haben bereits weiter oben darüber gesprochen. Hierarchien im klassischen Sinn gehören der Vergangenheit an. Das hat vor allem mit dem Tempo, in dem sich Märkte und Situationen ändern, zu tun. Wir wissen: Kompetenz *und* Führungspersönlichkeit müssen zur Situation passen. Das gilt vor allem in digitalen Zeiten. Der Wechsel von einem zum anderen muss im digitalen Zeitalter schnell und professionell über die Bühne gehen, damit ein Unternehmen in der Lage ist, agil auf die sich ständig verändernden Märkte zu reagieren. Darüber hinaus wird sehr viel Verantwortung, die zurzeit noch hierarchisch organisiert ist, dezentral delegiert werden müssen.[115] Mitarbeiter, die direkt mit den Kunden zu tun haben, müssen in der Lage sein, blitzschnell Entscheidungen treffen zu dürfen, um den Kunden bei der Stange zu halten.[116] Lange Hierarchiewege sind dann tödlich. Doch nicht nur der situativ angepasste Führungswechsel ist ein drängendes Thema in diesen Tagen, auch der Ruf nach *echten* Leadern wird lauter.

Warum eigentlich?

Wenn wir die Idee ernst nehmen, dass in digitalen Zeiten Hierarchien passé sind, stellt sich doch die noch viel radikalere Frage, ob wir überhaupt noch Menschen brauchen, die uns führen. Wird es nicht viel eher so ein, dass unsere Systeme dann so funktionieren wie bei den Ameisen: selbststeuernde Systeme, die gar keinen Anführer kennen? Die Insektenforschung hat gezeigt, wie hervorragend solche Systeme funktionieren. Nicht von ungefähr versuchen Wissenschaftler dies auf den Verkehr zu übertragen, um die modernen Mobilitätsprobleme zu lösen.[117]

Horizontale Strukturen werden sich verstärken

Wir aber glauben nicht, dass die Organisationsformen der Ameisen auf den Menschen eins zu eins übertragbar sind. Das erklärt sich aus unserer Historie als Mensch. Männergruppen, die unser System in der Wirtschaft und der Politik prägen, haben in all den Jahren nur funktioniert, weil diese hierarchisch organisiert waren, mit einem Oberhaupt an der Spitze. Deswegen ist in diesen Gruppen das Erkämpfen von Rangordnungen so wichtig. Diese vertikale Organisationsform war in der Vergangenheit sehr erfolgreich. Sie hat Denken und Fühlen geprägt. Selbstorganisierende Systeme hingegen sind diesen Gruppen fremd. Sie sind dem Verstand und den Emotionen nicht vertraut. Die Forschung hat allerdings gezeigt, dass dies in Frauengruppen anders ist.[118] Führung ist in diesen Gruppen fließend, sie wandert, je nachdem, was in der Gruppe wichtig wird. Die Kommunikation verläuft horizontal.[119] Ob sich zukünftig auch Männergruppen in der Hinsicht anders organisieren werden, sodass selbststeuernde Systeme auch für sie zum Normalfall werden wie bei den Ameisen, wird sich zeigen. Vermutlich wird es aber noch lange dauern, ehe das der Fall ist. Realistisch ist Folgendes: Horizontale Strukturen werden sich im Zuge der Digitalisierung massiv ausweiten, vertikale Strukturen werden stark zurückgedrängt.[120]

Führung wird dennoch gefragt sein, denn der ins Detail Versunkene, die Menschen, die im operativen Geschäft an der Front stehen, haben kaum den Überblick über das ganze Geschehen. Sie wünschen jemanden an der Spitze, der genau das im Blick behält und die Verantwortung übernimmt, wie eine groß angelegte Studie von Kienbaum und Stepstone ergab.[121] Diesen Blick fürs große Ganze sollte ein Leader haben. Leadership also da, wo es notwendig ist, etwa wenn die Richtung bestimmt werden muss, in die es grundsätzlich gehen soll. Leader müssen aber noch mehr können: Sie müssen zwischen den verschiedenen, selbstständig agierenden Gruppen moderieren, Orientierung geben, sehen, welche Menschen zusammenkommen sollten, um ein Projekt zum Erfolg zu führen. Der Leader von morgen muss sein Wissen teilen und intensiv mit seinen Mitarbeitern kommunizieren.[122] Führung ist also nach wie vor gefragt, sie muss nur radikal *anders* werden, als es in einer hierarchischen Ordnung üblich war. Ein ‚Leader' ist kein ‚Chef' im herkömmlichen Sinn. Es handelt sich dabei um eine Führungsperson, die weiß, dass sie eine *Bewegung* und keine hierarchisch organisierte Organisation anführt. Eine Bewegung, die er *inspirieren muss,* wenn er deren Leader bleiben will. Seine Vision von dem, was das Unternehmen will, ist wichtig für *alle*, nicht nur für den Unternehmer selbst, denn die Mitarbeiter der Gen Y wollen Geld verdienen *und* in ihrem Arbeitsleben Teil haben an einer größeren Mission: das Klima retten, den Plastikmüll abschaffen, die Malaria stoppen, soziale Probleme unternehmerisch lösen. Die Unternehmensstory muss *spannend* sein, sonst gehen sie von Bord.

Gruppen, die durch das Digitale dauernd in Bewegung sind, brauchen Menschen, die Impulse setzen, Orientierung geben, nicht aber Befehle erteilen. Jetzt wird die Persönlichkeit der Führungsperson enorm wichtig, vergleichbar mit der Situation in Krisen. Die digitalen Zeiten sind Zeiten, in denen die funktionale Führung ausgedient hat und ersetzt werden muss durch *personale* Führung. Doch Führung durch die Kraft der Persönlichkeit wird nur dann von den anderen angenommen werden, wenn dieser Mensch als Person *authentisch* ist. Ein Mensch mit Ecken und Kanten. Ein Leader, der seinen persönlichen CEO-Code entschlüsselt hat. Ein Mensch, der weiß, *wer er ist.* Deswegen ist es für Führungskräfte von existenzieller Bedeutung, ihren CEO-Code zu kennen.

Der zukünftige Leader ist kein Macho, der ‚auf den Tisch haut' und allen sagt, wo es langgeht. Dafür sind die Mitarbeiter, die der Gen Y und Z entstammen, viel zu selbstbestimmt. Die suchen eher Führungspersonen, die ihnen wie Berater zur Seite stehen und sie bei ihrer Selbstverwirklichung unterstützen. Dianna Yau, die bei Facebook bereits in jungen Jahren als Program Product Manager Karriere gemacht hat, erzählt, wie Facebook das macht:

„Die erste Managerin, die mich bei Facebook betreut hat, hat meinen Blick auf das, was ein Manager bei jedem Einzelnen bewirken kann, total verändert. Sie hat mir eine völlig neue Idee davon gegeben, was Führung bedeuten kann. Sie hat sich dafür eingesetzt, dass ich mein Potenzial wirklich einbringen kann. Bei den Gesprächen ging es nicht nur darum, was ich im Projekt erreichen wollte, sondern darum, wie ich in meiner Karriere planen sollte und wie die Dinge, die ich im Alltag machte, zu diesem Ziel passten. Diese Art zu führen hat mich sehr beeindruckt. Das ist wirklich schlau, wenn Unternehmen erkennen, dass die Mitarbeiter dann am besten sind, wenn sie leidenschaftlich sind, wenn sie ihre Lebensvision mit dem, was sie in ihrer täglichen Arbeit tun, verbinden können. Denn wenn sie das nicht können, arbeiten sie nicht so hart, sie sind nicht so motiviert. Wenn dich Manager aber immer wieder fragen, was du leidenschaftlich liebst und das mit dem verbinden, was du tust, dann bekommen die Mitarbeiter ungeheuren Schwung! So kannst du sie dazu bringen, tolle Sachen zu erreichen. Sie denken dann auch viel tiefer nach und übernehmen nicht eine bereits existierende Lösung, weil es halt leichter ist. Niemand würgt dir irgendeine Lösung rein, die du dann einfach abspulen musst. Das schafft Unlust. Das hat keinen ‚Spirit‘. Aber so arbeiten leider immer noch ganz viele Firmen.“[123]

Das liest sich geradezu so, als ob bei Facebook verstanden worden wäre, dass ‚Mensch und Situation‘ zusammenpassen müssen. Wir sind daher nicht überrascht, dass Facebook weltweit eines der erfolgreichsten Unternehmen ist. Facebook lebt bereits *im* Digitalen. Das unterscheidet sich von der Idee, *mit* dem Digitalen zu arbeiten. Gerade in einer Welt, in der sich alles ständig ändern kann, müssen Führungspersonen nicht nur ihre Mitarbeiter unterstützen und sehr gut zuhören können, sondern vor allem auch Orientierung geben, ohne sich in die Details der täglichen Entscheidungen, die ihre Mitarbeiter treffen müssen, einzumischen. Sie müssen das große Ganze im Blick haben, dabei ihre Werte und ihre Visionen leben, damit sie für die, die sie führen, *glaubwürdig* sind. Empathie und Emotionen sind dabei wichtige Schlüsselworte. Damit erreichen Leader im digitalen Meer andere Menschen – und nur damit. Denn Wissen und Kompetenz, zuvor wichtige Bestandteile der Hierarchie, sind nur noch halb so viel Wert, wenn alles Wissen im Internet eingesehen oder schnell organisiert werden kann. Deswegen sind jetzt *Emotionalität* und *Persönlichkeit* zu entscheidenden Merkmalen eines Anführers geworden. Nur so können Leader ihre Mitarbeiter für eine Idee begeistern, sie mitreißen und das Projekt zur Vollendung führen. Dabei sollte ein Leader, der echte Follower will, nie so sein wie jemand anderes. *Eine Kopie ist eben kein Original.* Ein Leader muss er selbst sein und bleiben. Doch dafür muss man sich selbst erst einmal kennen. Einer, der andere führen will, muss in sich ruhen, über seine Lebensmotive Bescheid wissen, seine Warum-Fragen geklärt haben und sein implizites Wissen genau dann abrufen können, wenn es wichtig ist. Wer so agiert, hat den CEO-Code geknackt.

Emotionen sind keine Krankheit

Wer beruflich viel mit Menschen auf Vorstandsetagen zu tun hat, weiß: Da, wo die Teppiche dick, die Büroaussicht auf die Stadt fantastisch und die Aura der Unersetzlichkeit wie ein zu dick aufgetragenes Parfum in der Luft hängt, ist das Thema Emotionen äußerst heikel. Nicht etwa, weil die Führungsspitze zu viel davon hätte, sondern weil der Preis für außergewöhnliche Karrieren oft der ist, den Kontakt zu den eigenen Gefühlen verloren zu haben. Der Psychiater Christian Peter Dogs bringt es auf den Punkt, wenn er sagt, dass Topmanager nicht selten „emotionale Krüppel" sind.[124] Dem können wir nur beipflichten. Immer wieder erleben wir auf den Top-Etagen der Wirtschaft eine emotionale Erstarrung, die uns erschreckt. Wenn wir fragen „Wie geht es Ihnen?" schlägt uns nicht selten eine Aggressivität entgegen, die auf den ersten Blick überrascht. Schließlich ist die Frage „Wie geht es Ihnen?" harmlos, bisweilen eine höfliche Floskel. Doch so harmlos ist das für Menschen nicht, die gelernt haben, ihre Gefühle zu unterdrücken. Und das über viele

Jahre. In der Frage liegt daher eine große Sprengkraft, wenn man 24 Stunden funktionieren muss. Da stören Gefühle nur, denn sie bringen das Funktionieren ins Stottern. Wer aber seine Gefühle ständig entsorgt, weiß irgendwann nicht mehr, *was er fühlt*. Die Frage „Wie geht es Ihnen?" stellt dann eine Herausforderung dar, die kaum zu bewältigen ist, weil sich viele Führungskräfte diese Frage viele Jahre überhaupt nicht mehr gestellt haben. Durch ihre Unfähigkeit, darauf zu antworten, fühlen sie sich bloßgestellt. Das ist unangenehm und peinlich. Überhaupt sind Gefühle zu einem störenden Element in ihrem Leben geworden. Gefühle der Freude genauso wie die der Traurigkeit. Emotionen, so scheint es, werden auf den Top-Etagen unserer Wirtschaft wie Krankheiten behandelt. Man spricht lieber nicht darüber. Irgendwelche Suchtmittel helfen darüber hinweg.

Gefühle sind wichtig

Bei Gefühlen hat sich die Natur etwas gedacht, Emotionen sind kein überflüssiger Schnickschnack. Emotionen sind wichtig, denn sie sind wie ein Navigationssystem, ob etwas gut oder falsch für uns ist. Sie steuern unser Denken und Handeln. Es ist zugleich eine Art Frühwarnsystem. Nehmen wir das Beispiel Angst. Angst ist bei Managern und Unternehmern besonders verpönt. Niemand von ihnen hat nach eigener Auskunft Ängste, bestenfalls Befürchtungen, Sorgen, Bedenken – das vielleicht. Aber Ängste, nein, das nun wirklich nicht. Angst umweht der Geruch von Feigheit und Flucht. Der Schritt zum Deserteur ist gefährlich nah.

Warum aber gibt es Angst?

Angst ist eine intensive Emotion, die in bedrohlichen, lebensgefährlichen Situationen auftritt, damit wir die Gefahr präzise wahrnehmen und die Kraft finden zu reagieren – entweder im Kampf gegen die Gefahr oder in der Flucht, die unser Leben rettet. Wenn wir aber keinen Kontakt mehr zu unseren Gefühlen haben, können sie uns in existenziellen Bedrohungen keinen Rat geben. Es ist in etwa so, als ob sie einem Hund den Geruchssinn genommen hätten. Wir ‚riechen' die Gefahr dann nicht mehr, unser Notfallsystem ist ausgeschaltet. Das ist in der Tat gefährlich. Im Beruf genauso wie im Privaten. Wenn unser Gefühlssystem nicht mehr funktioniert, bekommen wir auch nicht mehr mit, wie es den anderen Menschen geht. Wir verlieren nicht nur den Kontakt zu uns selbst, wir verlieren auch den Kontakt zu den anderen. Unsere Antennen empfangen und senden nichts mehr. Im Privaten bedeutet das oft, dass die Menschen, die uns auch in schweren Zeiten tragen, irgendwann nicht mehr bei uns sind, weil wir nicht für sie da waren, als sie uns brauchten. Wir erleben es immer wieder: Viele Manager sind fassungslos, wenn sie von ihren Frauen verlassen werden. Damit haben sie nicht gerechnet. Das passt nicht in ihr Selbstbild. Sie fühlen sich dann so, als ob ihnen der Boden unter den Füßen weggezogen worden wäre. Nach so einem Überraschungscoup, der in Wahrheit nur für den Betroffenen eine Überraschung war, nicht aber für Freunde und Bekannte, manövrieren sie sich meistens auch beruflich in die Talsohle, manchmal sogar ins berufliche Aus. Denn das Private hat enorme Auswirkungen auf das Berufliche, auch wenn das immer wieder geleugnet wird und die Betäubungsmittel, um diese Einsicht von sich fern zu halten, vielfältig sind: Sex-Affären, Tabletten, Alkohol, zu viel Arbeit, Extremsport und Koks.

Auch im Beruf ist es nicht von Vorteil, wenn die Antennen abgeschaltet sind. Wie soll jemand mit funktionsuntüchtigen Antennen noch erkennen, was um ihn herum geschieht? Wie will ein solch deformierter Mensch im Unternehmen noch Politik machen können? Wie soll er merken, was der andere will? Diese Sensoren brauchen wir, um Menschen von unseren Zielen überzeugen zu können. Wir brauchen sie, wenn wir Geschäftsabschlüsse zu einem erfolgreichen Ende führen möchten oder den nächsten Schachzug unseres Konkurrenten vorausahnen müssen. Eines ist sicher: Ein ‚emotionaler Krüppel‘ schafft das nicht. Menschen, die mit ihren Emotionen nicht umgehen können, sie nicht einmal mehr wahrnehmen, haben in digitalen Zeiten ausgedient. Sie werden diese Emotionalität brauchen, wenn die hierarchischen Strukturen schon bald abgebaut sind und dahinter der Mensch wieder sichtbar wird. Und alle merken: Der König ist nackt.

Wir müssen uns endlich eingestehen, gerade auf den Top-Etagen, da, wo es einsam wird und die Luft dünn: Menschen sind in erster Linie nicht *rationale* Wesen, sondern *emotionale* Wesen. Unsere Emotionen weisen die Richtung, und unsere Ratio, der Verstand, der seit der Aufklärung im 18. Jahrhundert so angebetet wurde, weil er das ist, was uns angeblich von Tieren unterscheidet, ist in Wahrheit der Diener unserer Emotionen. Nicht umgekehrt. Wir wissen: Das ist harter Tobak. Aber die Ergebnisse der neuesten Hirnforschung sprechen eine deutliche Sprache. So können wir uns nur dann gut erinnern, wenn mit dieser Erinnerung ein starkes Gefühl verbunden ist. Die Bedeutung von Emotionen für unser Gedächtnis und für das, was wir wissen, ist elementar.[125]

> Menschen, die mit ihren Emotionen nicht umgehen können, sie nicht einmal mehr wahrnehmen, haben in digitalen Zeiten ausgedient.

Daraus sollten wir Konsequenzen ziehen: Wenn wir gute Leader sein wollen, müssen wir wissen, dass *keine* Entscheidung ohne Emotionen erfolgt. Wir sollten uns dieser Emotionen bewusst sein, damit wir wissen, wo wir uns emotional befinden, wenn wir Entscheidungen treffen. So vorzugehen, beugt Fehlentscheidungen vor. Emotionen wegzudrücken hat den gegenteiligen Effekt: Sie ebnen den Weg für Fehlentscheidungen. Dafür aber steht zu viel auf dem Spiel, wenn wir ein Unternehmen leiten. Für die Karriere, aber auch für die, die von diesen Fehlentscheidungen in direkter Weise betroffen sind. Emotionale Wracks auf den Top-Etagen sind gefährlich. Sie sind wie Blindgänger im Krieg, die aber doch irgendwann hochgehen und viele Menschen mit in den Tod reißen.

> Wir müssen uns endlich eingestehen: Menschen sind in erster Linie nicht rationale Wesen, sondern *emotionale* Wesen. Die Ratio ist Diener der Emotion, nicht umgekehrt.

Emotionen sind also in erster Linie etwas Gutes. Doch auch im emotionalen Bereich können Fehler auftreten.

Die Glaubenssätze

Manchmal grätschen uns ‚heilige‘ Glaubenssätze, die tief in uns verankert sind, unangenehm ins Geschehen. Statt die Situation objektiv zu analysieren, kochen in uns Emotionen hoch: „Immer wird mir jemand vorgezogen“, oder „Ich bin nur das wert, was ich leiste“, oder „Nur wenn ich andere reinlege, kann ich gewinnen“, oder „Am Ende gewinnt ja doch der andere“. Wir könnten die Liste der Glaubenssätze beliebig verlängern. Schlimm an diesen Glaubenssätzen ist, dass sie uns blockieren, daran hindern, gut und richtig zu agieren. Diese Glaubenssätze sind *Lügen*, denn sie machen das mit uns, was man auch als ‚self-fulfilling prophecy‘, als sich selbst erfüllende Prophezeiung, bezeichnet. Nur, weil wir diese ‚ewigen Wahrheiten‘ so tief verinnerlicht haben, führen sie immer wieder zu diesen Misserfolgen, die wir dann wiederum als Bestätigung für deren Gültigkeit interpretieren. Das setzt einen unheilvollen Kreislauf in Gang, der die Existenz des Unternehmens bedrohen kann. Ohne diese störenden Glaubenssätze wären wir in der Lage, unsere Chancen wahrzunehmen und zum Vorteil unseres Unternehmens zu nutzen. Stattdessen fahren wir mit diesen Glaubenssätzen den Karren gegen die Wand! Denn die Glaubenssätze rufen extrem negative Emotionen in uns wach: Das blockiert unser Wahrnehmungsvermögen. Wir glauben, dass das Schicksal auf die Wiederholungstaste gedrückt hat und wir die negativen Erfahrungen erneut durchleben müssen. In so einer emotionalen Situation haben wir das, was man den ‚Tunnelblick‘ nennt. Und der ist in Führungspositionen sehr gefährlich. Denn wir sind dann nicht mehr in der Lage, das gesamte Spielfeld mit all seinen Chancen und Möglichkeiten zu erblicken. Wir sind blockiert. Richtige Entscheidungen können wir dann nicht mehr treffen.

Die Löschtaste drücken

Deswegen müssen solche Glaubenssätze identifiziert und gelöscht werden. Das ist manchmal ein gutes Stück Arbeit in der Beratung, zumal dann, wenn der Unternehmer schon sehr lange mit Inbrunst daran geglaubt hat. Dann sind sie wie schlechte Gewohnheiten, von denen man sich ja bekanntlich auch nur schwer trennen kann: So wie jedes Jahr isst man die fette Gans an Weihnachten, auch wenn danach die Galle wehtut. Sind die Glaubenssätze in den Gesprächen gefunden und formuliert, sind sie noch lange nicht weg, selbst wenn der Kandidat *rational* eingesehen hat, dass sie weder zutreffend noch förderlich sind. Denn das Dumme dabei ist, dass diese Glaubenssätze so tief in unseren Emotionen verankert sind wie die Jahresringe im Stamm der Bäume.

Die Leistungsstarke

Vor wenigen Monaten haben wir eine Unternehmerin beraten, die uns gerufen hatte, weil sie sich ausgebrannt fühlte und merkte, dass sich irgendetwas ändern musste. Sie berichtete uns, dass sie seit vielen Jahren eine 60-Stunden-und-mehr-Woche absolvierte, nie in die Ferien fuhr und selbst am Sonntag nicht die Finger von den Unterlagen lassen konnte. Ihr Mann hatte ihr ein Ultimatum gesetzt, sie müsse ihre Arbeitszeit reduzieren, sonst müsse er die Beziehung überdenken. Er war stolz auf sie, dass sie das Kosmetikunternehmen aus dem Boden gestampft hatte, die Bilanzen steil nach oben zeigten, aber das Private hatte gelitten. Nun wollte sie ihren Mann nicht verlieren, wusste aber nicht, wie sie die Arbeitszeit hätte reduzieren können. Am Zeitmanagement lag es nicht, das war optimal. Wir haben selten jemanden erlebt, der seine Zeit derart effizient ausnutzte wie diese junge Unternehmerin. Gleich vorweg: Wir brauchten viele Sitzungen, bis wir den bösartigen Glaubenssatz-Tumor gefunden hatten. Er lautete:
„Ich muss alles in kürzerer Zeit schaffen als andere."
In der Tat: Das war ihr gelungen. Innerhalb von fünf Jahren hatte sie ein Unternehmen aus dem Nichts geschaffen, exportierte in zehn Länder und hatte 150 Mitarbeiter eingestellt, der Gewinn lag im Millionenbereich. Chapeau! Doch nach diesem entscheidenden Gespräch wussten wir auch: So fleißig, wie sie ihr Unternehmen aufgebaut hatte, so fleißig manövrierte sie sich nun

in den sicheren Burn-out. Ihr Gefühl hatte die Gefahr instinktiv erfasst, die Drohung ihres Mannes hatte ein Übriges dazu beigetragen. Das Ausradieren dieses Glaubenssatzes war harte Arbeit, denn während wir sie über mehrere Monate begleiteten, fiel sie immer wieder in alte Verhaltensmuster zurück. Rational hatte sie zwar eingesehen, dass sie keineswegs in *allem* immer die Nase vorn haben musste, aber sie hatte dieses Credo schon so lange gelebt, dass es schwer war, die Reset-Taste auch im emotionalen Bereich zu finden. Schließlich schafften wir auch das, indem wir mit ihr erarbeiteten, welche Tätigkeiten im Unternehmen tatsächlich schnell geschehen mussten, auch in Zukunft, und welche Dinge in einem ganz gewöhnlichen Rhythmus erledigt werden konnten. Das beruhigte sie, verschaffte ihr Sicherheit. Nachdem diese sensiblen Geschäftsprozesse optimiert worden waren, konnten wir mit ihr ergründen, wie es zu diesem Glaubenssatz gekommen war. Wie wir bereits vermutet hatten, lag der Schlüssel dazu in der Kindheit: Ihr Vater hatte die Kinder gegenseitig ausgespielt, regelrecht einen Wettkampf um seine Gunst entfacht. Sie hatte dabei gelernt, schneller sein zu müssen als die anderen. Schnelligkeit war so bei ihr zu einem Lebensthema geworden!

Das implizite Wissen

Wenden wir uns nun dem impliziten Wissen zu, um auch den zweiten Teil des CEO-Codes zu entschlüsseln. Wie bereits geschildert, handelt es sich dabei im Wesentlichen um unsere Erfahrungen, die wir im Leben gemacht haben. Erfahrungen sind für Unternehmer wichtig und wertvoll. In der Beratung finden wir hier Ressourcen, über die der Betroffene oft selbst nicht – zumindest nicht bewusst – Bescheid weiß. Doch um an diese verborgenen Ressourcen heranzukommen, müssen die Glaubenssätze zunächst beiseite geräumt werden. Diese Glaubenssätze sind nur scheinbar Erfahrungen; tatsächlich sind sie durch Erlebnisse entstanden, in denen uns keine Wertschätzung entgegengebracht wurde. Sie sind die Grundlage für

Minderwertigkeitskomplexe, die uns daran hindern, unsere Ziele zu verwirklichen. Wenn die Felsbrocken den Eingang nicht mehr versperren, öffnet sich das Tor, und der Betroffene ist selbst völlig überrascht, was er an Wissen und Können plötzlich abrufen kann. Er wird jetzt überflutet mit Erfahrungen und Kenntnissen, über die er selbst am meisten staunt. Wenn unser Gefühlsleben erst einmal von dem Ballast der Glaubenssätze befreit ist, entfaltet das Gehirn eine Kreativität, die fortan für die eigene unternehmerische Tätigkeit genutzt werden kann. Das, was dann passiert, überwältigt viele Unternehmer. Das führt uns zu der Frage, wie Erfahrungen überhaupt entstehen.

Emotionen machen Wissen abrufbar

Wer die Ergebnisse der Gehirnforschung in den letzten Jahren verfolgt hat, ist fasziniert, denn hier konnten große Fortschritte gemacht werden. Wir wissen nun besser darüber Bescheid, wie Wissen entsteht. Wissen wird nur dann zu einer *echten* Erfahrung, wenn es mit einer Emotion gekoppelt ist. Die Gehirnforschung weiß: Wenn wir Wissen mit einer starken Emotion verbinden, lernen wir erheblich besser.[126] Wir merken es uns: Es ist nun eine *Erfahrung*. Dann können wir das Wissen jederzeit abrufen, und zwar über die Emotion.[127] Das ist für unser Gehirn dann in etwa so, als ob beim Computer ein unendlich langer Algorithmus zu einem kurzen Hashtag, einem Schlagwort, komprimiert und im Gehirn an einer bestimmten Stelle abgelegt würde. Um im Bild zu bleiben: Durch die Emotion sind wir überhaupt erst in der Lage, einen solchen Hashtag zu erstellen, im Bedarfsfall blitzschnell zu finden und den Hashtag wieder zu öffnen. Die Emotion ist der Schlüssel dazu. Das gesamte Wissen dieser Erfahrung steht uns dann wieder zur Verfügung. Würde es aber ständig in seiner ganzen Fülle präsent sein, wäre unser alltägliches Leben enorm beeinträchtigt. Man vermutet, dass bei Autisten genau das der Fall ist: Alle Informationen sind immer gegenwärtig, sodass es eines sehr genau geregelten Tagesablaufs bedarf, um damit überhaupt klarzukommen.

Wir müssen verstehen: Unser Gehirn sammelt unerlässlich Wissen in Kombination mit den Emotionen, die wir dabei haben. All das geschieht, um unser Überleben zu sichern. Unser Gehirn hat dabei eine enorme Speicherkapazität. Wenn wir aus diesem reichhaltigen Fundus schöpfen möchten, helfen uns die Emotionen. Emotion und Wissen sind miteinander gekoppelt. Wenn es noch eines Beweises bedurft hätte, wie wichtig Emotionen sind, dann mag diese Erkenntnis der Gehirnforschung dazu beitragen. Der essenzielle Unterschied zwischen Emotion und Verstand liegt aber darin, so der Neurologe Donald Caine, dass Emotionen zum Handeln führen und der Verstand zu Beurteilungen.[128] Wenn wir also handeln müssen, brauchen wir die Emotion. Unbedingt.

Implizites Wissen aus den Tiefen heben

Wir können Vieles, was uns nicht bewusst ist: etwa Schuhe zubinden, essen, trinken, später auch Auto fahren. Wir können diese Fähigkeiten abrufen, ohne uns darüber Gedanken zu machen. „Fast alles, was wir gelernt haben, wissen wir nicht. Aber wir können es", sagt der Neurobiologe Manfred Spitzer.[129] Viele unserer alltäglichen Tätigkeiten gehen uns ganz automatisch von der Hand. Wer als Unternehmer schon eine Weile auf der Welt ist, hat eine Menge gesehen, konnte in der Wirtschaftswelt viele Erfahrungen sammeln. Das befähigt ihn, Situationen gut einschätzen zu können. Mit einem erfahrenen Blick die Situation zu betrachten, ungetrübt von Glaubenssätzen, hilft enorm dabei, die richtigen Schlüsse zu ziehen und dementsprechend zu handeln. Das schafft gegenüber jüngeren Unternehmern eine Überlegenheit, die durch Jugend nicht ersetzt werden kann. Dazu bedarf es einfach ein Stück gelebten Lebens. Erfahrungen sind wie eine Schatztruhe, die Wissen enthält, *wie* das Unternehmensschiff auch durch raue See sicher manövriert werden kann. Nun behaupten Vertreter der Gen Y immerzu, dass Erfahrungen durch den digitalen Umbruch nichts mehr wert seien, sie ihre Gültigkeit verloren hätten. In Bezug auf das digitale Geschehen, auf die Reaktionszeiten an den Märkten, mag das der Fall sein. In Bezug auf Menschen nicht. Viele Abläufe in der Wirtschaft werden nicht morgen schon umgestellt werden und im Hinblick auf die Kundschaft gilt: Ein großer Teil der Kunden ist nicht 20 Jahre alt, sondern älter als 40. Erfahrungen, auch wenn sie nicht in der digitalen Welt gemacht wurden, sind noch lange ein Schatz, den es zu hüten gilt. Zudem: Jeder Mensch, auch der jenseits der 30, macht jeden Tag *neue* Erfahrungen, die gesellen sich zu den alten dazu. Es gibt also keinen Grund, auf Erfahrungen so zu blicken, als ob sie Gerümpel im Keller seien, der einfach ausgemistet werden müsste und höchstens noch dafür gut ist, um bei der Sendung ‚Bares für Rares‘ ein wenig Kohle zu machen. Vielmehr ist es so wie mit dem Schuhe zubinden: Erfahrungen helfen uns, blitzschnell Wissen abzurufen, und zwar genau dann, wenn wir es dringend benötigen. Darauf sollten wir vertrauen.

In den Beratungen gelingt es uns oft, diese Erfahrungen, die wir als ‚implizites Wissen‘ bezeichnen, aus den Tiefen ans Tageslicht zu heben. Wir betrachten dann gemeinsam mit dem Unternehmer diesen Erfahrungsschatz und schauen, welche Erfahrung in der jeweiligen Führungsposition besonders nützlich ist. Wir gehen in den Keller, aber nicht, um ihn zu entrümpeln, sondern um zu schauen, welche der Kisten nach oben in die Wohnung geholt werden sollte, damit die Sachen, die darin verpackt sind, im aktuellen Tagesgeschäft eingesetzt werden können. Es ist wie bei einer großen Familienfeier. Dann werden das gute Geschirr und die Kristallgläser aus dem Keller geholt, damit der Tisch festlich eingedeckt werden kann. Wenn das Fest vorbei ist, wird das Porzellan wieder verpackt, die Gläser wieder in Seidenpapier eingewickelt und in den Keller getragen. Vielleicht ist es dann an der Zeit, die Wintersachen aus dem Keller zu holen, weil es geschneit hat. So ist es auch mit dem impliziten Wissen, oft muss es aus den Tiefen unseres Gedächtnisses gehoben werden, es muss *explizit* gemacht werden, damit es nützlich eingesetzt werden kann. Wir möchten Ihnen anhand eines Beispiels aus einem Film zeigen, wie wichtig es ist, das implizite Wissen ins Bewusstsein zu holen.

Der große Bellheim

In Dieter Wedels Vierteiler „Der große Bellheim" wird die fiktive Geschichte von Peter Bellheim erzählt, dem Mehrheitsaktionär eines Kaufhauses in Hannover.[130] Mit 57 Jahren wechselt er vom Vorstandsvorsitz in den Aufsichtsrat und hat sich in seine Traumvilla im spanischen Marbella zurückgezogen. Während eines Festes zu seinem 60. Geburtstag erfährt Bellheim, dass sich die Lage seines Konzerns dramatisch verschlechtert hat. Bellheim gewinnt der deprimierenden Nachricht dennoch eine positive Seite ab: Er wird wieder gebraucht. Er kehrt zu seiner Kaufhauskette mit 14 Filialen und 4.000 Angestellten zurück. Dort stellt er fest, dass die Lage dramatisch ist: Kunden werden schlecht bedient, die Verkäufer klauen, das Management ist komplett überfordert. Da hat Bellheim eine geniale Idee: Zur Rettung seines Unternehmens trommelt er eine Truppe erfahrene Männer zusammen, die es den Yuppies noch einmal zeigen wollen. Aus Marbella holt er seinen längst pensionierten Wirtschaftsberater, aus Nizza seinen ehemals schärfsten Konkurrenten, und als neuen Personalchef einen pensionierten Gewerkschafter. Diese Viererbande kämpft nun gemeinsam gegen den eigenen Vorstand, gegen Banken und gegen eine Supermarktkette, die von Bellheims skrupellosem Gegenspieler Rottmann, der auf eine späte Rache hofft, geleitet wird. Hinter ihrem Rücken zetteln Rottmann und seine Komplizen eine Intrige an: Sie kaufen immer mehr Bellheim-Aktien, um ihren Einfluss auf das Unternehmen weiter auszudehnen und es in den Ruin zu treiben. Da es dem Unternehmen nicht gut geht, will die Mehrheit der Aktionäre viele Filialen schließen, doch Bellheim will die Sanierung.

Der Film erzählt nun, wie es Bellheim und seinen Mitstreitern gelingt, Finanzierungskonzepte durchzuboxen, Menschen für die Sanierung zu gewinnen, ins Risiko zu gehen, wenn es nötig ist, Konkurrenten kaltzustellen, Intrigen rechtzeitig ‚zu wittern', geschickt über die Presse Informationen zu lancieren und bei der Sanierung den richtigen Riecher zu haben. Am Ende gewinnen die Oldies gegen die Youngster, und das ist alleine der Tatsache geschuldet, dass sie eine Menge Erfahrung haben. Ohne diese lebenslange Erfahrung in vielen Teilbereichen, wäre ihnen das mit Sicherheit nicht gelungen. Sie haben den Keller nicht ausgemistet, sondern das Tafelsilber, den Schatz ihrer Erfahrungen, auf Hochglanz poliert, als es notwendig war. Erfahrung ist wertvoll, ohne jeden Zweifel. Deswegen ist die Mischung aus erfahrenen und jungen Teams so wichtig. Die Jungen können ihre Expertise bei der Digitalisierung einbringen, die ‚Oldies‘ bei dem, wie der Hase im Wirtschaftsleben so läuft. Zusammen sind sie ein unschlagbares Team.

Die Warum-Frage

Als Letztes gilt es, die Warum-Frage zu klären, um auch noch das letzte Element des CEO-Codes zu entschlüsseln. Wie wir bereits am Anfang dieses Kapitels geschildert haben, handelt es sich dabei um die Frage, warum wir tun, was wir tun. Es ist die Frage nach dem *Sinn* unseres Tuns. Die Warum-Frage zu klären, ist kein leichtes Unterfangen, mitunter der schwierigste Teil der Beratung, berührt diese Frage doch sensible Bereiche der Persönlichkeit. Sie kennen womöglich das Rollenspiel mit der fiktiven Grabrede, wenn Sie gefragt werden: Was möchten Sie, dass an Ihrem Grab über Sie gesagt wird, wer Sie im Leben gewesen sind, welche Ziele Sie im Leben verfolgt haben? Dann wird es nicht selten sentimental. So absolut haben sich die meisten die Frage noch nie gestellt. Es verwirrt sie, so auf sich selbst zu blicken, nämlich dann, wenn nichts mehr geändert werden kann, wenn die Geschichte zu Ende erzählt ist. In dieser Absolutheit müssen wir uns selbst die Frage aber stellen, denn wir sollten uns jeden Tag bewusst sein, *warum wir tun, was wir tun*. Wie viel Zeit uns bleibt, dieses Warum zu verwirklichen, wissen wir nicht. Wir sollten dabei nicht nur mit unserer Zeit sorgsam umgehen, sondern auch unser Warum gut wählen. Ein „Ich weiß nicht" ist da nicht angebracht. Dieses Warum muss in uns brennen. Es ist die Frage nach der großen Vision, die unser Tun als Unternehmer trägt. Das Warum, das unseren Alltag inspiriert und das Banale transzendiert. Das, was unseren Zielen Sinn verleiht, unser ‚um zu‘.

Wir wissen: Das hört sich fast schon wie in der Kirche an, aber irgendwann müssen Sie sich diese Frage stellen, nicht nur als privater Mensch, sondern vor allem, wenn Sie Unternehmer sind. Am besten gleich zu Anfang, wenn Sie gründen. Denn wenn Sie als Unternehmer Ihre ganze Kraft und Energie, Ihr Wissen, Ihre Persönlichkeit in dieses Warum stecken, tagtäglich, sollten Sie dieses Warum für sich gefunden haben. Alles andere ist Zeitverschwendung. Wenn Sie für sich die Warum-Frage nicht beantworten können, droht Ihnen die Verzettelung. Dann kann man Sie leicht vom Eigentlichen ablenken. Diesen Fehler machen viele. Deswegen gelingt vielen Menschen in ihrem Alltag auch nicht die Unterscheidung zwischen ‚wichtig‘ und ‚unwichtig‘. Wenn Sie aber die Warum-Frage für sich geklärt haben, sind Sie fokussiert. Sie können Ihre Ziele, die zu diesem Warum gehören, glasklar formulieren. *Und* danach handeln. Dann hinterlassen Sie genau den Fußabdruck in Ihrem Leben als Unternehmer, den Sie beabsichtigt haben, weil Ihnen nicht tausend andere Sachen, lauter störende Nebenthemen, hineingepfuscht haben.

Für die Antwort auf dieses Warum sollten Sie sich Zeit nehmen, denn dieses Warum strukturiert alles andere. Interessant ist, dass dieses Warum besonders dann gut gelingt, wenn wir zuvor eine kräftige Bauchlandung hingelegt haben. Denn das Scheitern führt uns zu unseren Lebensthemen, die sich in dem Misserfolg verbergen und uns immer wieder begegnen, wenn wir den Schlüssel nicht finden, um das Schloss zu öffnen (siehe dazu die Ausführungen in Kapitel 6 und 8).

Die Antwort auf die Warum-Frage kann größer oder kleiner ausfallen. Sie kann reichen von „Ich will der Bäcker sein, der das beste Brot in der Region macht“, bis hin zu der ganz großen Nummer, dem ‚Big Picture‘: „Ich will der Unternehmer sein, der die Mobilität neu erfindet“, oder „Ich will derjenige sein, der dazu beiträgt, den Plastikmüll aus dem Meer zu holen“, oder „Ich will der Unternehmer sein, der ein digitales Frühwarnsystem für Epidemien entwickelt“.

So etwas in der Richtung. Wobei die letzten drei Antworten ideal wären, um die Gen Y und Z für Ihr Unternehmen zu begeistern, denn diese finden die Unternehmensstory nur dann spannend, wenn damit auch die großen Fragen unserer Zeit – Klimawandel, Umwelt, soziale Gerechtigkeit – berührt werden. Darunter machen sie es nicht. Sie wollen dabei sein, wenn das ganz große Rad gedreht wird. Und da sie um ihren Marktwert wissen, kleines Angebot, große Nachfrage, können sie es sich aussuchen. Das Warum, die Vision, die Ihr Unternehmen trägt, ist also nicht nur eine persönliche Angelegenheit, vielmehr weist dieses Warum weit darüber hinaus. Solche Visionen sind in diesen Tagen wichtig hinsichtlich der Frage, ob Ihr Unternehmen attraktiv für junge Mitarbeiter und für die nachwachsende Kundschaft ist. In Zeiten des Fachkräftemangels keine unwesentliche Frage.

Mit dem richtgen ‚Warum' andere Menschen begeistern

Ihre Visionen spielen darüber hinaus für die Mitarbeiterführung eine wesentliche Rolle, denn da, wo Hierarchien entfallen, die früher die Führungsrolle sicherten, ist jetzt *Movement*. Wir haben das Thema bereits angeschnitten, betonen es an dieser Stelle aber nochmals: Wenn die dauernde Veränderung in Zukunft die einzige Konstante im Wirtschaftsleben ist, dann rückt die Persönlichkeit des Unternehmers wieder ins Zentrum. Jetzt ist wieder wichtig, *wer* Sie sind, *was* Sie als Unternehmertyp ausmacht, was Sie wollen, *wie* Ihre Visionen als Unternehmer lauten. Führung bedeutet in digitalen Zeiten, mit der Persönlichkeit und dem je eigenen Charisma andere zu führen. Das ist ein weiterer Grund, warum es so wichtig ist, den eigenen CEO-Code zu entschlüsseln. Nur wer weiß, wer er ist, kann auch andere führen.

Wenn das Warum geklärt ist, die Lebensmotive bekannt sind und das implizite Wissen gehoben ist, sind Sie in der Lage, wie ein Regisseur die Unternehmensbühne zu beherrschen. Sie können die Schauspieler, die Mitarbeiter Ihres Unternehmens, mit Ihren Visionen inspirieren und sie zu einer Aufführung befähigen, die beim

Publikum und in den Medien Wellen schlagen wird. Sie wissen, wie die Schauspieler mit dem Publikum, den Kunden, interagieren müssen, und Sie wissen, wie die Rollen auf der Bühne besetzt werden müssen, damit jeder zeigen kann, was in ihm steckt. Wenn Sie mit sich im Reinen sind, Ihre Identität als Unternehmer entdeckt haben, drehen Sie sich nicht mehr um sich selbst, Sie stehen sich auch nicht mehr selbst im Weg. Sie können sich dann ganz auf die gelungene Inszenierung des Bühnenstücks konzentrieren.

8. Hat Ihr Unternehmen eine Identität?

Wenn wir Wappen sehen, fängt das große Kino im Kopf an. Wir erinnern uns an Filme, in denen Ritter in den Krieg ziehen und nicht wissen, ob sie aus der Heiligen Stadt Jerusalem wieder heimkehren. Wir sehen pompöse Schlachten, die effektvoll in Szene gesetzt werden. Wir hören Trompetenstöße, die zum Angriff blasen und erinnern uns an Turniere, bei denen Ritter um die Gunst der Burgfräuleins buhlen. Mit diesem Kopfkino liegen wir richtig. Denn Wappen stammen genau aus dieser Zeit der Kreuzzüge im 12. Jahrhundert. Sie wurden erforderlich, weil es nur mit ihrer Hilfe möglich war, auf dem Schlachtfeld den Freund vom Feind zu unterscheiden.[131] Schließlich trugen die Ritter zu ihrem Schutz einen Harnisch, der den ganzen Körper mit Eisenplatten versah, und einen Topfhelm, der den Kopf bedeckte. Damit waren Körper und Gesicht, die über die Identität der Person hätten Auskunft geben können, verdeckt. Deswegen die Wappen. Sie zeigten, um wen es sich handelte. Die Farben, die Symbole und die Wappensprüche machten unmissverständlich klar, wen man da vor sich hatte. Einige Jahrhunderte später ließen sich auch Länder, Städte und Familiendynastien ihre Wappen anfertigen. Bis heute ist es üblich, bei festlichen Anlässen zu zeigen, wer man ist und zu wem man gehört. Das Wappen zeigt den Stolz auf die eigene Herkunft. Dabei spielt die Geschichte, die sich um Familie oder Stadt rankt, bei dem Entwurf des Wappens eine besondere Rolle. Denn die Symbole repräsentieren diesen historischen Kontext. Nehmen wir als Beispiel das 700 Jahre alte Wappen der Stadt Köln.[132] (Siehe Abbildung S. 164.)

Wappen der Stadt Köln

Symbole sind wichtig

Auf dem Wappen sind drei Symbole zu erkennen: Die drei golde-
nen Kronen weisen darauf hin, dass die Gebeine der Heiligen Drei
Könige im Kölner Dom aufgebahrt sind, die Farben Rot und Weiß
sind die Farben der Hansestädte – und Köln war eine von ihnen. Die
elf schwarzen Hermelinschwänze, die auch als ‚Tränen‘ bezeichnet
werden, erzählen die Geschichte der Heiligen Ursula, der Stadtpat-
ronin Kölns. Der Legende nach war sie auf der Heimreise von einer
Pilgerfahrt, die sie nach Rom unternommen hatte. In ihrer Begleitung befanden sich 11.000 Jungfrauen. Vor den Toren Kölns wurde
sie von dem Hunnenkönig Atilla überfallen und schließlich erschla-
gen, weil sich Ursula weigerte, ihn zu ehelichen. Sie hatte gelobt, ihr
Leben Christus zu weihen. Doch nach dem Tod der Pilgerinnen, so
will es die Legende, erschienen 11.000 Engel, die die Hunnen in die
Flucht schlugen und die Kölner von deren Belagerung befreiten.[133]
   Die Symbole, die sich auf dem Wappen der Stadt Köln befinden, haben also eine starke Botschaft. Die Auswahl dieser Symbole
zeigt, worauf sich die Stadt in ihrer Identität beruft: Christentum
und freier Handel. Beides ist in der Stadt bis heute lebendig. Die
Symbole sind aber auch ein Hinweis auf die Werte, die dieser Stadt

wichtig sind: christliche Werte und die Freiheit, wobei die Letztere im Kölner Leben ausschlaggebend ist. Denn die Geschichte der Heiligen Ursula ist eine Geschichte der Befreiung der Stadt, und die Symbolfarben der Hanse stehen stellvertretend für den freien Handel. In der Tat ist Freiheit ein Wert, der in Köln auch im Alltag gelebt wird. Dazu gibt es sogar einen bekannten Kölner Spruch, der jeden Reisenden am Köln-Bonner-Flughafen begrüßt: „Jeder Jeck ist anders", was so viel bedeutet wie „Jeder Mensch ist anders". Die Bezeichnung ‚Jeck', also Verrückter, für Mensch deutet darauf hin, dass man in Köln davon ausgeht, dass jeder Mensch ein bisschen verrückt ist, aber eben auch *sein darf*. Verrückt oder irgendwie anders zu sein, kümmert in Köln niemanden. Man nimmt die Kapriolen der Mitmenschen zur Kenntnis und amüsiert sich darüber. So etwas zu verbieten, käme niemanden in den Sinn. Zu dieser Botschaft der Freiheit gesellen sich noch Assoziationen, die man gemeinhin mit dieser Stadt verbindet: die Brauhäuser und das obergärige Kölsch, der Karneval, die Lage der Stadt am Rhein, der Kölner Dom und der Dialekt. Das ist eine ganze Menge an Information, wenn man so einem Wappen gegenübersteht. Für die Einheimischen bedeutet das Wappen *Identität* und den Fremden bietet es *Orientierung*, weil es Auskunft gibt über das Selbstverständnis derer, die sich dieses Wappen ausgesucht haben.

Und heute? Spielen die Firmenlogos die gleiche Rolle wie die Wappen?
Manchmal ja und manchmal nein. Es gibt Firmenlogos, die so berühmt sind, dass sich von ihnen tatsächlich sagen lässt, eine ähnliche Funktion zu erfüllen wie die Wappen. Beispielsweise der angebissene Apfel der Firma Apple oder der Mercedes-Stern auf der Motorhaube. Solche weltweit etablierten Logos sind goldwert, gerade heutzutage, denn sie sichern das Wiedererkennen im digitalen Rauschen. Beide Firmenlogos stehen für Technik auf hohem Niveau, wobei der Apfel auch noch für technische Innovation steht.

Identität in der digitalen Welt

Doch in Zeiten des Online-Shoppings haben wir den Überblick verloren: Im Netz tummeln sich tausende Webseiten von Unternehmen, die wir nicht wirklich kennen, bei denen wir aber etwas kaufen können. Wir fragen uns: Wer verbirgt sich hinter dem Logo? Schließlich müssen wir, wenn wir bei diesem Unternehmen etwas kaufen wollen, unsere privaten Daten preisgeben. Sogar die Daten unserer Kreditkarten müssen wir einspeisen, ohne den anderen je gesehen zu haben. Um uns ein Bild zu machen, surfen wir auf die Webseite des Unternehmens, klicken hier und da und vielleicht auch das Leitbild an. Doch diesem Textkonvolut vertrauen wir nur selten, zu oft haben sich die Angaben der Leitbilder als ‚heiße Luft' erwiesen (siehe dazu Kapitel 3).

Also, was tun wir, um zu erfahren, ob Produkt und Leistung stimmen?

Wir klicken auf die Kundenbewertungen. Klar, auch die können gefälscht sein, wohl aber kaum, wenn es sich um hunderte Kundenmeinungen handelt. Wir lesen, welche *Erfahrungen* andere Kunden mit dem Unternehmen gemacht haben. Jetzt können wir uns zumindest ein grobes Bild von dem Unternehmen machen, manchmal sogar schon ein sehr detailliertes, je nachdem, wie präzise die Kundenbewertungen sind. Wie das Wort ‚Bewertung' besagt, spiegeln sich in ihnen die Werte der Kunden wider, indirekt spiegeln sie aber auch die des Unternehmens. Sie offenbaren, welche Werte im Unternehmen gelebt oder eben nicht gelebt werden. Wenn ein Unternehmen beispielsweise unpünktlich liefert, spielt der Wert Pünktlichkeit im Unternehmen offenbar keine große Rolle. Wenn wir in den Kundenbewertungen lesen, dass die gelieferten Produkte zudem oft fehlerhaft sind, schließen wir daraus, dass in dem Unternehmen kein Wert darauf gelegt wird, die Produkte in einwandfreier Qualität zu liefern, dass das Qualitätsbewusstsein nicht besonders ausgeprägt ist. Wenn die Rücksendungen der Waren kompliziert sind, wissen wir, dass die Idee, es dem Kunden so einfach wie möglich zu machen, keine ist, die im Unternehmen gelebt wird. Umgekehrt geht es aber auch. Wenn wir bei den Kundenrezensionen regelrechte Lobeshymnen finden, beispielsweise für den Service, erkennen wir, dass Werte wie Freundlichkeit oder Genauigkeit bei der Beratung ernst genommen werden, der Kunde Wertschätzung erfährt. An diesen Beispielen können wir ablesen, dass die *Bewertungen* der Kunden und die *Werte* des Unternehmens auf das Engste zusammenhängen.

> Die Bewertungen der Kunden und die Werte des Unternehmens hängen auf das Engste zusammen.

Wenn die Werte nur auf dem Papier stehen

Wenn wir in die Unternehmen kommen, erleben wir oft, dass Mitarbeiter und Geschäftsführung sich über diesen Zusammenhang nicht im Klaren sind. Kunden, die schlechte Bewertungen abgeben, sind dann bloß ein paar ‚Verrückte‘ oder ‚Miesepeter‘, oder die negativen Bewertungen werden als Fälschung ‚enttarnt‘ und dem Konkurrenten zugeschrieben. Um zu testen, wie groß die Lücke zwischen dem ist, was an Werten verkündet wird und dem, was tatsächlich im Unternehmen gelebt wird, machen wir mit denen, die im Unternehmen arbeiten, eine Liste. Auf dem Papier ist Platz für 15 Werte. Meist ist bei sieben oder acht schon Schluss. Dann ist Sprachlosigkeit angesagt. Den Mitarbeitern fällt nichts mehr ein. Dabei gibt es in der deutschen Sprache so viele unterschiedliche Werte: Freiheit, Loyalität, Vertrauen, Ehrlichkeit, Sicherheit, Toleranz, Bescheidenheit, Verlässlichkeit und viele weitere. Mit anderen Worten: Über die Werte hat man sich im Unternehmen bisher keinen Kopf gemacht. Das ist bedenklich, denn die sind ein wichtiger Bestandteil der Unternehmensidentität. Wenn die Liste erstellt ist, kürzen wir mit den Mitarbeitern die Werte auf fünf zusammen. Warum gerade fünf? Weil das so viele sind, wie auf ein Schild passen. Ein Schild, das das Unternehmen, genau wie die Ritter, vor sich herträgt, wenn es sich in der Geschäftswelt bewegt. Jeden Tag.

Werte müssen erlebt werden

Wer kürzt, muss sich fokussieren und fragen: Welche Werte sind uns die wichtigsten? Das steht hinter dieser Übung. Und während wir das machen, platzt es aus dem einen oder anderen heraus: Was? Ehrlichkeit soll bei uns wichtig sein? Das habe ich noch nie erlebt! Wobei die Betonung auf dem letzten Wort liegt, dem ‚Erleben‘. Denn genau das ist der springende Punkt. Die Mitarbeiter müssen die Werte in ihrem Alltag *erleben,* sonst kommen ihnen diese wie Lippenbekenntnisse vor, die man herunterbetet wie das Vaterunser in der Messe. Wenn sie die Werte während der Arbeit nicht erleben, als gelebte Werte wahrnehmen, werden sie nicht Teil ihrer Emotionen. Sie haben in dem Fall nicht das Gefühl, dass es genau dieser Wert ist, der das Unternehmen ausmacht. Bis die passenden Werte gefunden sind, braucht es daher Zeit. Diskussionen brechen auf. Die aber sind fruchtbar. Wenn die fünf wichtigsten Werte am Ende definiert sind und auf das virtuelle Schild geschrieben werden, kommt die nächste fiese Übung. Jetzt gleichen wir ab, ob diese Werte zu den Lebensmotiven des Unternehmens passen. Wir erinnern uns: Die Übung mit Harald, dem Avatar. Der Mann ist sparsam, wissen wir. Passen da die Werte Unabhängigkeit und Großzügigkeit? Pünktlichkeit und der schonende Umgang mit Ressourcen erscheinen da schon irgendwie geeigneter. Spätestens jetzt ist jedem klar, dass die Lebensmotive des Unternehmens an der einen oder anderen Stelle nicht mit den Werten übereinstimmen. Nun muss nachjustiert werden. Entweder werden die Werte in Einklang mit der Realität gebracht, also nur die angegeben, die auch tatsächlich vorhanden sind, oder es erfolgt ein Upgrade an die Erwartungen: Neue Werte werden im Unternehmensalltag institutionalisiert.

> Die Mitarbeiter müssen die Werte in ihrem Alltag *erleben,* sonst kommen ihnen diese wie Lippenbekenntnisse vor, die man herunterbetet wie das Vaterunser in der Messe.

Lebensmotive und Kultur prägen die Werte

Selbstverständlich werden die Werte nicht nur aus den Lebensmotiven geboren, sie sind auch Ergebnis der Umwelt des Unternehmens. In welchem Umfeld, in welchem Kulturkreis bewegt sich das Unternehmen? Welche Werte sind in der jeweiligen Kultur wichtig? Es ist beispielsweise ein elementarer Unterschied, ob wir uns in einer islamisch oder christlich geprägten Gesellschaft bewegen, ob wir uns im Rheinland befinden oder in Baden-Württemberg. Diese kulturell oder regional geprägten Werte werden an Unternehmen im operativen Geschäft und an die jeweiligen Standorte herangetragen. Das Unternehmen muss sich mit diesen Werten auseinandersetzen. Es ist aber nicht gezwungen, alle zu übernehmen. Schließlich müssen sich Mitarbeiter und Geschäftsführung mit den Werten *identifizieren,* es müssen ,ihre' Werte sein – und wie das Verb ,identifizieren' schon besagt, stiftet diese Identifikation einen Teil der *Identität* des Unternehmens. Das Werte-Schild, das für alle, die mit dem Unternehmen zu tun haben, sichtbar ist, hat also zum einen eine Identitätsfunktion. Für die Menschen, die im Unternehmen arbeiten genauso wie für die Kunden, die gerne wissen möchten, mit wem sie es zu tun haben. Doch das Werte-Schild dient nicht nur zur Repräsentation der eigenen Werte, es dient auch zum Schutz, genau wie bei den Rittern. Denn Werte schützen, bewahren vor falschen Entscheidungen und schlechtem Verhalten, beispielsweise gegenüber der Kundschaft. Sie schützen zudem vor falschen Erwartungen. Wer Werte hat, ist ganz bei sich. Das gilt auch für ein Unternehmen, aber nur dann, wenn die Werte im Unternehmen tatsächlich gelebt werden, zu einem *Erlebnis* werden, das Mitarbeiter und Kunden *fühlen* können und ihnen daher in Erinnerung bleibt. So werden die Werte zum Bestandteil der Unternehmensidentität. Gefühle sind nicht nur wichtig für unser Erinnerungsvermögen, genauso elementar sind sie im Kontakt zwischen Unternehmen und Kunden. Dann entsteht eine *echte* emotionale Verbindung und die ist, wie wir wissen, in digitalen Zeiten entscheidend.

Das Warum des Unternehmens

Wenn wir die Lebensmotive und die Werte für das Unternehmen gemeinsam definiert haben, wandern wir zum Warum, der Vision, die das Unternehmen trägt. Wir stellen die Frage: Warum gibt es das Unternehmen? Was sind Sinn und Zweck dieses Unternehmens? Hat es eine Mission wie Facebook, das alle Menschen auf der Welt ‚verbinden‘ will? Wurde das Unternehmen gegründet, um ein ganz bestimmtes Problem zu lösen? Vielleicht die Malaria auszulöschen? Damit sind wir bei der *Historie* des Unternehmens. Diese Unternehmensgeschichte ist kein Gestern, das in die verstaubten Bilanzbücher gehört und nur noch den Wirtschaftshistorikern Freude bereitet. Das Gestern hat mit dem Heute unmittelbar zu tun. Ohne diese Geschichte zu kennen, können wir die Gegenwart des Unternehmens nicht begreifen.

Mark Zuckerberg beispielsweise wurde als Student von seiner Freundin verlassen. Als Begründung gab sie an: Er sei nicht bloß ein ‚Nerd‘, ein Außenseiter, der stundenlang vor seinem PC hocke und unfähig zur sozialen Kommunikation sei, er sei schlicht ein „Arschloch“. Davon erzählt der Film ‚The Social Network‘, in dem die Entstehungsgeschichte des Konzerns dargestellt wird.[134] Zuckerberg war danach so wütend und verletzt, dass er eine Webseite namens ‚Face-Match‘ eröffnete, auf die er Bilder von Studentinnen der Harvard Universität einstellte, die er zuvor aus der Uni-Datenbank gehackt hatte. Er vergaß auch nicht, miese Kommentare im Blog über seine Ex-Freundin zu posten.[135] Nachdem der Blog erstellt war, lud er seine Freunde ein, im Blog die Attraktivität der Studentinnen zu bewerten.[136] Das machte an der Uni die Runde. Immer mehr Menschen machten mit und tauschten sich über die Bilder aus. Zwar wurde Zuckerberg zur Universitätsleitung zitiert, weil sein Blog als frauenverachtend und diskriminierend empfunden wurde,[137] aber Zuckerberg und seine Freunde hatten bereits registriert, dass es da ein Bedürfnis gab, sich in kurzen Nachrichten unter Freunden über Ereignisse und Menschen auszutauschen – ohne von Zeit und Ort abhängig zu sein. Seine Freunde machten ihn darauf aufmerksam, dass sie daraus eine gemeinsame Geschäftsidee entwickeln könnten. Zuckerberg reagierte schnell und erschuf die Webseite Facebook, deren Idee er später für sich allein reklamiert, obwohl Ideen und Geld seiner Freunde zu deren Erfolg mit beigetragen hatten. So jedenfalls erzählt es der Film.[138] Als zu der Truppe später Sean Parker stößt, der Gründer der Musiktauschbörse Napster, wird das Ganze ein Milliardending, denn Parker stellt die simple Frage: Was wäre, wenn man eine Milliarde in das Wachstum investieren würde?[139] Klotzen statt kleckern. Parker stellt den Kontakt zu Peter Thiel her, dem Mann mit dem vielen Geld. Damit eröffnet sich Zuckerberg eine völlig neue Dimension, eine, die die ganze Welt als soziales Netzwerk begreift.

Und wir fragen: Ist es Zufall, dass ein Mensch wie Zuckerberg, der vermutlich aufgrund seines Asperger-Syndroms[140] soziale Defizite hat, ein Geschäftsmodell entwickelt, in dessen Zentrum das Thema ‚Soziales Netzwerken‘ steht? Ein Geschäftsmodell, das auf der Idee der Kommunikation, des Sich-Verbindens und Austauschens von Milliarden Menschen beruht. Ein Austausch, der ihm noch nicht einmal im kleinen Kreis gelingt, wenn man dem Film glauben darf.[141]

Wir denken, dass es kein Zufall ist. Mark Zuckerberg wusste wahrscheinlich schon damals, dass ihm etwas fehlt: die Fähigkeit zu kommunizieren und Kontakte aufbauen zu können. Er weiß offenbar auch, dass ihm genau das bei einer großen Karriere im Weg steht, denn er ist ehrgeizig, will in die angesagten Clubs, die unverzichtbar sind, wenn man ein Großer werden will.[142] Er ist zwar hochbegabt, aber ohne diese Verbindungen, die ihm den Weg zu Geld, Macht und Einfluss ebnen, wird das mit der Karriere nichts. Wir würden sagen: Sein Lebensthema ist an ihn herangetreten. Vermutlich nicht zum ersten Mal. Doch dieses Mal hat er eine Antwort. Und wir sagen: Sein größter Schmerz, wir nennen es den Urschmerz, hat ihn dazu befähigt, über Kommunikation in einer Weise nachzudenken, auf die andere nie gekommen wären, weil ihnen das Kommunizieren und Freundschaften schließen leicht von der Hand geht. Aber für Mark Zuckerberg ist die Kommunikation zum Problem geworden. Er *muss* darüber nachdenken, wenn er Karriere machen will, aber auch, wenn er als Mensch überleben will. Weil er die Sache mit der Kommunikation nicht ‚drauf‘ hat, unfähig ist, unkompliziert und sympathisch mit anderen zu kommunizieren, muss er sich etwas einfallen lassen. Und er lässt sich etwas einfallen: Ohne diesen Schmerz würde es Facebook nicht geben. Angesichts dieses Beispiels fällt es schwer, bei der in Unternehmerkreisen äußerst beliebten These zu bleiben, Misserfolge so schnell wie möglich abzuhaken und einfach rasch etwas Neues auf die Beine zu stellen. So wie Sascha Schubert, der mit Bondea, einer Plattform, auf der sich Frauen über Beruf und Muttersein austauschen sollten, 40.000 € in den Sand setzte und rasch etwas Neues gründete: Splendid, eine Software, mit der Hilfsorganisationen Spenden sammeln können.[143] Sein Credo: „Es ist leichter, neu anzufangen, als im Gestern zu verharren.“[144] Wir sind anderer Meinung: Wer nach einem tollen, gewinnbringenden Geschäftsmodell sucht, sollte das Gegenteil tun: Sich tunlichst in seinen Urschmerz begeben und schauen, welchen Honig er als Unternehmer daraus saugen kann. Dann bekommt man sein ‚Big Picture‘, die große Vision dessen, was man in seinem Unternehmerleben bewirken will und auch *kann*. Wenn wir das tun, haben wir die Antwort auf unsere Warum-Frage gefunden. Kein Wunder, denn aus unseren Misserfolgen lernen wir mehr als aus unseren Erfolgen.

Egal, ob das Geschäftsmodell aus einem Urschmerz geboren wurde oder einfach durch eine neue, kreative Idee: Wichtig ist, sich zu vergegenwärtigen, dass jede Geschäftsidee, die in ein Unternehmen mündet, eine *Geschichte* hat, die es zu beachten gilt, weil es das Kerngeschäftsfeld ist. Eine Geschäftsidee, die nicht nur von bestimmten Personen geboren wurde, sondern auch zu einer *ganz bestimmten Zeit* zündete. Dieses Zusammenspiel aus Idee und situativer Gelegenheit wird oft im Laufe eines langen Unternehmenslebens vergessen. Und dann geschehen Fehler, wenn die ursprüngliche Geschäftsidee aus den Augen verloren wird. Damit diese Idee immer wieder in die Zukunft transformiert werden kann, muss man den Kerngedanken präsent haben, um die Historie und die Tradition des Unternehmens wissen. Erst dann kann auch Übersetzungshilfe geleistet und der ursprüngliche Gedanke an die neue Situation angepasst werden. Dabei ist ein Zuviel an Vergangenheit genauso schädlich wie ein Zuwenig an Zukunft. Tradition und Zukunft müssen eine gelungene Melange eingehen. Sonst geht die Identifikation flöten. Wer seine Stammkunden schätzt, weiß: An die Unternehmensidentität darf nicht die Rasierklinge angesetzt werden, sie muss klug ‚übersetzt' werden. Dazu gehört viel Fingerspitzengefühl und Erfahrung. Denn der Geist, der ‚Spirit', des Unternehmens soll schließlich weiterleben, muss aber zugleich für die Zukunft offen bleiben. Ein Spagat, der nur gelingt, wenn sich die einen weder in das Alte verbeißen noch die anderen kategorisch allein das Neue gutheißen.

Das implizite Unternehmenswissen

In einem Unternehmen gibt es viel Wissen und viele Ideen. Genau wie beim CEO gibt es auch in einem Unternehmen das, was wir als ‚implizites Wissen' bezeichnen. Vieles von dem wird für immer vom Vergessen geschluckt und gelangt nie ans Tageslicht. Damit ist nicht das konkrete Wissen gemeint, welches es braucht, um die Arbeit zu erledigen. Gemeint sind die nicht gehobenen Schätze, die in den Köpfen der Mitarbeiter ruhen. Wenn Standards herrschen, sind Ideen nicht gefragt. Ganz anders im Silicon Valley. Da lechzt man regelrecht nach dem, was in den Köpfen der Mitarbeiter so vorgeht. Google und Facebook wollen *ausdrücklich*, dass die Kreativität der Mitarbeiter in die Arbeit einfließt. Dazu Dianna Yau, Produktmanagerin bei Facebook:

„Als ich mein erstes Projekt bei Facebook in Angriff genommen hatte, [...] habe ich zufällig einem Technikmanager davon erzählt; er war total begeistert und bot mir sofort seine Hilfe an! So etwas passiert ständig bei Facebook. Du erzählst jemandem von deinem Projekt, der ist begeistert und will irgendwie bei der Realisierung helfen. Die Leute bei Facebook bieten dir ständig Hilfe, Kontakte oder Ressourcen an. Das ist ziemlich einzigartig! In anderen Firmen, in denen ich früher gearbeitet habe, haben die Leute sehr isoliert gearbeitet.[145] [...] Wenn wir ein Problem haben, dann können fünf oder zehn Menschen völlig unterschiedliche Ideen haben, wie das Problem gelöst werden könnte. In großen Unternehmen aber wird jeder gezwungen, den gleichen Weg zu gehen. Dadurch hat man dann nicht so viel Innovation und ‚Out-of-the-box-Denken‘. Ich denke, diese Art Lösungen zu finden, ist wirklich sehr besonders an der Facebook-Kultur. […] Facebook hat eine ‚Hacking-Kultur‘. […] Die Idee von ‚Hack‘ bei Facebook ist: Menschen zu befähigen, Probleme zu lösen. Während andere Unternehmen Menschen dazu drängen, Lösungen *auszuführen*. Das sind wirklich zwei unterschiedliche Dinge.“[146]

Mehr braucht es eigentlich nicht, um deutlich zu machen, wie man dieses implizite Wissen hervorzaubern und für das Unternehmen nutzbar machen kann. Nun ist aber eine Unternehmenskultur nichts, was sich von jetzt auf gleich ändern ließe. Zum Trost sei gesagt: Man muss auch nicht gleich eine ‚Hacking-Kultur‘ wie Facebook im Unternehmen etablieren, aber kleine kreative Räume schaffen, in denen das Wissen der Mitarbeiter gehoben werden kann, empfiehlt sich schon. Was da in deutschen Unternehmen aufgrund eines stark ausgeprägten hierarchischen Denkens verloren geht, lässt einen schwindelig werden. Dabei ist dieses implizite Wissen ein wichtiger Bestandteil der Unternehmensidentität. Denn die Gesamtheit des Wissens, das in einem Unternehmen versammelt ist, gehört genauso zur Unternehmensidentität wie die Lebensmotive, die Werte und das Warum des Unternehmens.

Dabei braucht die Unternehmensidentität die Vergangenheit genauso wie die Zukunft, und um das zu meistern, brauchen Sie das implizite Wissen Ihrer Mitarbeiter. In digitalen Zeiten noch viel mehr als früher. Deswegen müssen im Unternehmen Vergangenheit und Zukunft in einer Balance gehalten werden. Das wird gerne vergessen. Vielen entlockt es heute nur noch ein müdes Lächeln, wenn von der ‚Tradition‘ eines Unternehmens gesprochen wird, glaubt man doch in diesen Tagen, dass man nur das Morgen ansteuern müsste, um im Spiel zu bleiben. Doch, wenn Sie so vorgehen, verbrennen Sie sich die Finger, zumindest dann, wenn Sie ein etabliertes Unternehmen leiten. Denn Identität braucht eine *Herkunft*, eine

Tradition, um die Zukunft zu meistern. Wer nicht weiß, woher er kommt, weiß auch nicht, *wohin* er gehen soll. Stellen Sie sich nur vor, man würde aus Essen die Zeche Zollverein entfernen, jene Anlage, in der über hundert Jahre lang Kohle im Pott gefördert wurde und die heute ein Museum und Veranstaltungsort ist, der als so wertvoll erachtet wird, dass er zum UNESCO-Weltkulturerbe ernannt wurde.[147] Was würde das für die Identität der Stadt bedeuten? Richtig, es wäre ein Kahlschlag. So dumm war man in Essen nicht, man hat die Zeche nicht gesprengt, ihre Vergangenheit nicht gelöscht, sondern sie ist Bestandteil des Neuen geworden. Obwohl dort niemand mehr unter Tage arbeitet, sind die Kohle und die Männer, die sie schürften, überall auf dem Gelände zu spüren. So muss es auch in den Unternehmen sein. Die Identität wird bewahrt und sinnvoll in die Zukunft transformiert. Ganz im Sinne des Dalai Lama, der sagte: „Öffne der Veränderung deine Arme, aber verliere dabei deine Werte nicht aus den Augen."[148]

Danksagung

Wir bedanken uns bei Simone Matthaei, Institut für Rede und Rhetorik, für die Mitarbeit.

Danke an Walter Kohl für die treffenden und tiefen Worte im Vorwort.

Steven Reiss, der uns zu früh verlassen hat, gilt unser Respekt und Dank für die bahnbrechende Forschung im Bereich Lebensmotive, Ziele und Emotionen.

Ein großes Dankeschön möchten wir unseren Kunden und Geschäftspartnern aussprechen, die uns in unserer Kompetenz als Consultant und Changer genutzt und somit unser Know-how vertieft und weiterentwickelt haben.

Ohne die tagtägliche Unterstützung unserer Ehefrauen Alex und Christiane könnten wir nicht so frei wirken, wie wir es lieben und brauchen. Danke!

Anhang

Psychologische Bedeutungen der Lebensmotive: Zur Verdeutlichung der 16 Lebensmotive, insbesondere aber auch zur Abgrenzung der Motive voneinander, finden Sie in der folgenden Tabelle das bei den einzelnen Motiven vordergründig erkennbare psychologische Merkmal gleichsam als Typologie einer Person dargestellt.

		geringe Ausprägung	starke Ausprägung
	Macht	Die/der Zurückhaltende (Geführte) braucht Anleitung, ohne Ehrgeiz, nicht fordernd/direktiv	**Die/der Ehrgeizige** Einfluss/Erfolg/Leistung, Führung
	Unabhängigkeit	Die/der TeamplayerIn Angewiesensein auf andere (Interdependenz)	**Die/der Unabhängige** Freiheit/Autarkie
	Neugier	Die/der PraktikerIn praktisches Wissen	**Die/der Intellektuelle** geistiges Wissen
	Anerkennung	Die/der Selbstbewusste Kritikfähigkeit/Selbstsicherheit	**Die/der Unsichere** Akzeptanz/Selbstwert
	Ordnung	Die/der Flexible Flexibilität, Schlampigkeit	**Die/der Organisierte** Organisation/Ordnung (Zwangsrituale)
	Sparen	Die/der Großzügige Freizügigkeit (Verschwendung)	**Die/der SammlerIn** Eigentum/Sammlung(en)/Horten
	Ehre	Die/der Zweckorientierte (egoistischer) Eigennutz	**Die/der Prinzipientreue** Moralität/Kodex
	Idealismus	Die/der Realistische (unpolitische) Realisten	**Die/der IdealistIn** Gerechtigkeit/Fairness

Quelle (S. 177–181): The Reiss Motivation Profile®

		geringe Ausprägung	starke Ausprägung
	Beziehungen	Die/der Einzelgängerin „lonesome rider"/„einsamer Wolf"	**Die/der Gesellige** Beziehungen/Freundschaft/Humor
	Familie	Die/der überzeugte Kinderlose kein Kinderwunsch	**Der Familienmensch** Kinderliebe/Fürsorglichkeit
	Status	Die/der Bescheidene Bescheidenheit/Demut	**Die/der Elitäre** Aufmerksamkeit/„social standing"
	Rache	Die/der Kooperative Ausgleich/Harmonie	**Die/der Kämpferin** Konkurrenz/Kampf/ Aggressivität/Vergeltung
	Eros	Die/der Asketin Askese	**Die/der Sinnliche** Sexualität und Schönheit
	Schönheit	Die/der Nüchterne Askese	**Die/der Ästhetische** Sinnlichkeit
	Essen	Die/der schwache/r Esserin Essen reine Nebensache	**Die/der großer Esserin** Gourmand oder Gourmet
	Körperliche Aktivität	Die/der Stubenhockerin (Couch-Potato) „Faulheit"/ Müßiggang	**Die/der Sportlerin** Fitness/Bewegung/ eigenen Körper spüren
	Ruhe	Die/der Robuste Stressunempfindlichkeit „unerschrocken"	**Die/der Ängstliche** Entspannung (emotionale Sicherheit)

Mit der Tabelle Motive/Ziele/Emotionen möchten wir Ihnen eine Systematik anbieten, in der wir das Zusammenwirken dieser drei Dimensionen darstellen. Steven Reiss hat in seinen Publikationen immer wieder davon gesprochen, wie sehr ein Motiv mit dem dahinterliegenden Ziel und der daraus resultierenden Emotion verwoben ist.

		geringe Ausprägung	starke Ausprägung
✳	**Macht**	◎ Anderen ihren Willen lassen 🕴 Leben und leben lassen ⚡ Druck, Stress ◍ Entspannt, ausgeglichen, geduldig mit anderen	◎ Durchsetzung des Willens 🕴 Wirksamkeit, Einfluss ⚡ Hilflosigkeit, Ohnmacht ◍ Übernimmt Verantwortung, durchsetzungsstark
✎	**Unabhängigkeit**	◎ Zugehörigkeit, Konformität 🕴 Eins sein mit anderen, Teil einer Herde sein ⚡ Einsamkeit ◍ Anhänglich, konform	◎ Selbstständigkeit, Autarkie 🕴 Freiheit, Stolz ⚡ Abhängigkeit, Enge ◍ Autonom, selbstständig, eigensinnig, individuell
🔍	**Neugier**	◎ Machen 🕴 Freude daran, etwas zu erschaffen ⚡ Unlust/Unwille bei Zwang, über vermeintlich Sinnloses nachzudenken ◍ Praktisch, nützlich	◎ Nachdenken 🕴 Erstaunen ⚡ Langeweile ◍ Intellektuell, nachdenklich
✋	**Anerkennung**	◎ Selbstsicherheit 🕴 Selbstachtung ⚡ Selbstkritik ◍ Selbstsicherheit, hohe Selbstachtung	◎ Bestätigung durch andere 🕴 Selbstvertrauen ⚡ Sich gekränkt und verletzt fühlen ◍ Selbstzweifel, geringe Selbstachtung
⁝⁝	**Ordnung**	◎ Flexibilität 🕴 Spontaneität ⚡ Sich eingeengt fühlen durch Strukturen und Regeln ◍ Flexibel, desorganisiert	◎ Organisation und Struktur 🕴 Behaglichkeit ⚡ Sich überrascht fühlen, unvorbereitet sein ◍ Organisiert, methodisch, strukturiert

◎ Ziel   🕴 Emotion   ⚡ Frustration   ◍ Charaktereigenschaft

		geringe Ausprägung	starke Ausprägung
🌰	**Sparen**	◎ Weggeben von Überflüssigem 🕴 Großzügig sein ⚡ Zugemüllt sein 👥 Verschwenderisch, großzügig	◎ Sammeln 🕴 Maßvoll sein ⚡ Frustriert von Verschwendung und Maßlosigkeit 👥 Sammler, sparsam
⊙	**Ehre**	◎ Zweckorientierung 🕴 Gefühl für sich selbst das Beste herausgeholt zu haben ⚡ Prinzipien unterworfen zu sein 👥 Zweckorientiert, opportunistisch, eigennützig	◎ Moralische Regeln befolgen 🕴 Loyalität, Integrität ⚡ Schuld 👥 Prinzipientreu und aufrichtig
🌍	**Idealismus**	◎ Unempfindlich gegenüber sozialer Ungerechtigkeit sein 🕴 Sich unbeteiligt fühlen ⚡ Involviert werden durch andere 👥 Unpolitisch, wenig mitfühlend	◎ Die Welt verbessern 🕴 Mitgefühl ⚡ Hilflosigkeit 👥 Humanität, idealistisch, altruistisch
👥	**Beziehungen**	◎ Sich zurückziehen 🕴 Sich selbst genug sein ⚡ Sich anderen ausgeliefert fühlen 👥 Introvertiert, zurückhaltend	◎ Freundschaft, soziale Kontakte 🕴 Zugehörigkeit ⚡ Ausgeschlossenheit 👥 Extravertiert, kontaktfreudig
👪	**Familie**	◎ Frei von Betreuungspflicht 🕴 Frei von Fürsorgeverpflichtung ⚡ Belastung durch das Sich-Kümmern 👥 Geringer Kinderwunsch	◎ Kinder erziehen 🕴 Liebe ⚡ Unerfülltheit, Leere 👥 Familienmensch, häuslich, fürsorglich
💎	**Status**	◎ Soziale Chancengleichheit 🕴 Gleichheit ⚡ Ausgrenzung durch elitäre Bündnisse 👥 Bodenständig, nicht formell	◎ Reputation und gesellschaftliches Ansehen 🕴 Überlegenheit ⚡ Sich nicht ebenbürtig fühlen 👥 Formell und herausstechend

◎ Ziel   🕴 Emotion   ⚡ Frustration   👥 Charaktereigenschaft

180

		geringe Ausprägung	starke Ausprägung
🏅	**Rache**	◎ Friede, Einvernehmen 🕺 Harmonie, Versöhnung ⚡ Traurigkeit ⊛ Friedensstifter, versöhnlich	◎ Revanche, quitt sein 🕺 Triumph, Vergeltung ⚡ Zorn, Wut, Aggression ⊛ Kämpfernatur, sucht Auseinandersetzung und Wettbewerb
👄	**Eros**	◎ Asketisches Leben 🕺 Enthaltsamkeit ⚡ bedrängt/belästigt fühlen ⊛ Asketisch, platonisch, Schlichtheit	◎ Sexualität und Sinnlichkeit 🕺 Leidenschaft ⚡ Unerfüllte Leidenschaft ⊛ Romantisch, sinnlich
🌷	**Schönheit**	◎ Ästhetische Zweckmäßigkeit 🕺 Praktikabilität ⚡ Unbehagen ⊛ Zweckmäßig, praktisch	◎ Ästhetik und Sinnlichkeit 🕺 Ästhetisches Wohlbefinden ⚡ Unbehagen ⊛ Ästhetisch, sinnlich
🍴	**Essen**	◎ Nur geringe Aufmerksamkeit für die Nahrungsaufnahme 🕺 Schnell bzw. auf einfache Weise satt werden ⚡ Sich mehr als notwendig mit Essen beschäftigen müssen ⊛ Heikler Esser, Wenigesser	◎ Nahrungsaufnahme 🕺 Sättigungsgefühl ⚡ Hunger, ungestillter Appetit ⊛ Unersättlich, Vielesser
🏃	**Körperliche Aktivität**	◎ Bequemlichkeit 🕺 Entspannung, Faulheit ⚡ körperliche Anstrengung ⊛ Liebt Bequemlichkeit und wenig Körperaktivität	◎ Körperliche Bewegung 🕺 Vitalität, Stärke, Fitness ⚡ Rastlosigkeit, körperliche Unruhe und Schwäche ⊛ Körperlich aktiv und fit sein
🧘	**Ruhe**	◎ Aufregung, Abenteuer 🕺 Spannung, Abenteuerlust ⚡ Langeweile ⊛ Mutig und risikofreudig	◎ Sicherheit, Gefahrlosigkeit 🕺 Frei von Spannungen ⚡ Angst, Sorge, Unruhe ⊛ Macht sich viele Sorgen und Gedanken, ängstlich

◎ Ziel 🕺 Emotion ⚡ Frustration ⊛ Charaktereigenschaft

Anmerkungen

1 Der sogenannte Schlieffen-Plan ging im ersten Weltkrieg in die Militär-geschichte ein. Der Plan sah vor, dass im Falle des Kriegsausbruchs eine schnelle Westoffensive gegen Frankreich erfolgt, um daraufhin mehr Truppen gegen Russland mobilisieren zu können. Damit sollte verhindert werden, dass das Deutsche Reich zwei Feldzüge an beiden Fronten gleich-zeitig durchführen müsste. Schlieffen beabsichtigte für die Westoffensive einen Durchmarsch über das neutrale Belgien und hoffte darauf, dass sich die Briten nicht militärisch einschalten würden. Mit dem Einmarsch in Belgien sollten die französischen Festungen umgangen werden. Siehe dazu https://www.geschichte-abitur.de/lexikon/uebersicht-erster-weltkrieg/schlieffen-plan, gesehen am 16.08.2018.

2 Siehe dazu https://www.aphorismen.de/zitat/25199, gesehen am 15.08.2018.

3 Siehe dazu https://www.welt.de/print-welt/article590368/Der-Neid-wird-uns-Deutschen-anerzogen.html, gesehen am 01.08.2018 sowie https://www.taz.de/!1436494/, gesehen am 01.08.2018.

4 Siehe dazu https://www.aphorismen.de/suche?f_thema=Mittelm%C3%A4%C3%9Figkeit, gesehen am 01.08.2018.

5 Exponentiell: Die Veränderungen wachsen nicht langsam an, sondern verdoppeln sich jeweils. Das erhöht das Tempo des Veränderungsprozesses enorm. Haben früher grundlegende Veränderungen etwa sieben Jahre benötigt, geschieht dies, getrieben durch die digitalen Daten, mittlerweile alle zwei Jahre. Siehe dazu https://de.serlo.org/mathe/funktionen/anwendungszusammenhaenge-anderes/wachstums-zerfallsprozesse/exponentielles-wachstum, gesehen am 16.08.2018.

6 Generation Y (geboren 1980–1995), siehe dazu https://www.gruenderszene.de/lexikon/begriffe/generation-y?interstitial, gesehen am 16.08.2018 sowie Generation Z (geboren 1995–2010), siehe dazu https://www.gruenderszene.de/lexikon/begriffe/generation-z, gesehen am 16.08.2018.

7 Reiss, Steven: Das Reiss Motivation Profile®. Was motiviert uns? Hrsg. von Gianella, Brunello/Gianella, Daniele/Koch, Maximilian u. a., Mittenaar-Bicken, 2013, S. 54. Im Folgenden zitiert als RMP®.

8 Reiss, Steven: Das Reiss Profile. Die 16 Lebensmotive. Welche Werte und Bedürfnisse unserem Verhalten zugrundeliegen. Aus dem Amerikanischen von Matthias Reiss. 2. Aufl. 2010, S. 14 ff. Im Folgenden zitiert als RP.

9 Ebd.

10 Ebd.

11 RMP®, S. 55.

12 Vgl. dazu RMP®, S. 215.

13 RP, S. 7 f.

14 Ebd.

15 RP, S. 13.

16 Vgl. dazu ebd., S. 10.

17 Vgl. RMP*, S. 235.

18 RMP*, S. 214 ff.

19 Siehe dazu https://www.softgarden.de/ressourcen/glossar/mitarbeitermotivation/, gesehen am 24.11.2018.

20 Siehe dazu https://www.aphorismen.de/zitat/27424, gesehen am 10.12.2018.

21 https://www.planet-wissen.de/geschichte/mittelalter/leben_im_mittelalter/pwiederschwarzetoddiepestwuetetineuropa100.html, gesehen am 24.11.2018.

22 Siehe dazu http://www.delphi-dialog.ch/die-7-delphi-weisheiten, gesehen am 13.08.2018.

23 Siehe dazu https://www.heise.de/newsticker/meldung/Zahlen-bitte-34-000-DIN-Normen-fuer-einheitliche-Standards-4120440.html, gesehen am 17.07.2018.

24 Vgl. dazu https://www.handelsblatt.com/unternehmen/beruf-und-buero/the_shift/kuenstliche-intelligenz-robo-recruiting-5-wichtige-fragen-verstaendlich-beantwortet/22597666.html?ticket=ST-2025629-ByXzPkW73gWsTndTgnYz-ap3, gesehen am 28.07.2018.

25 Vgl. dazu https://www.personalberatung-mittelstand.de/automatisierte-personalbeschaffung-wenn-kuenstliche-intelligenz-ueber-zukunft-entscheidet/, gesehen am 28.07.2018.

26 Siehe dazu https://www.stern.de/wirtschaft/job/jobsuche/besseres-auswahlverfahren-deshalb-lohnen-sich-assessment-center-3530604.html, gesehen am 28.07.2018.

27 Siehe dazu https://www.personio.de/9-thesen-zur-hr-der-zukunft/, gesehen am 13.08.2018.

28 Siehe dazu https://wollmilchsau.de/human-resources/ich-hasse-hr/, gesehen am 06.11.2018.

29 Siehe dazu https://www.haufe.de/controlling/rechnungslegung/imageproblem-personalabteilung-operative-buerokraten_110_179416.html, gesehen am 15.08.2018.

30 https://www.haufe.de/personal/personal-office-premium/personalcontrolling-kennzahlen-3-benchmarking-im-personalwesen_idesk_PI10413_HI1427077.html, gesehen am 13.08.2018.

31 Siehe dazu https://www.stepstone.de/Karriere-Bewerbungstipps/variables-gehalt/, gesehen am 06.11.2018.

32 Vgl. dazu Buhr, Andreas/ Feltes, Florian: Revolution? Ja bitte! Wenn Old-School auf New-Work-Leadership trifft, Offenbach, 2018 S. 42 ff.

33 Siehe dazu https://www.handelsblatt.com/unternehmen/it-medien/
    berufsleben-die-jungen-kuendigen-schneller-wenn-das-umfeld-nicht-
    passt-/5862612-3.html?ticket=ST-1486338-vSba7lEkQsAmJkJ7HNQV-
    ap1, gesehen am 06.11.2018.
34 Siehe dazu https://www.humanresourcesmanager.de/news/es-wird-
    schwieriger-mitarbeiter-zu-halten.html, gesehen am 15.08.2018.
35 Wir verzichten aus pragmatischen Gründen darauf, zugleich immer
    auch die weibliche Form zu nennen, denn es macht leider das Lesen sehr
    mühsam. Dennoch sind wir uns bewusst, dass auch immer mehr Frauen
    die Position von CEOs einnehmen.
36 http://www.faz.net/aktuell/feuilleton/medien/auch-bei-bertelsmann-war-
    middelhoff-ein-spieler-13266615.html, gesehen am 17.07.2018.
37 Vgl. dazu https://www.zeit.de/2011/05/Deutsche-Bahn/seite-4, gesehen
    am 20.07.2018.
38 Siehe dazu https://www.stern.de/wirtschaft/news/deutsche-bahn-
    mehdorns-letzte-fahrt-3087040.html, gesehen am 8.2.2019.
39 https://www.deutschebahn.com/de/presse/pressestart_zentrales_
    uebersicht/Deutsche-Bahn--Umsatz-und-Gewinn-gestiegen---Erneut-ein-
    Fahrgastrekord-im-Fernverkehr--1771472, gesehen am 20.07.2018.
40 Reiss geht bei mindestens 14 Lebensmotiven von einer genetischen
    Disposition aus. Siehe dazu RMP®, S. 41
41 Siehe dazu https://www.welt.de/kmpkt/article159324386/11-Strategien-
    die-wir-von-Steve-Jobs-lernen-koennen.html, gesehen am 07.08.2018.
42 Siehe dazu https://www.businessinsider.de/steve-jobs-stellte-das-iphone-
    mit-saetzen-vor-ihr-solltet-sie-lesen-2017-9, gesehen am 07.08.2018.
43 Siehe dazu https://books.google.de/books?id=XphADwAAQBA-
    J&pg=PT164&lpg=PT164&dq=schulversager+steve+jobs,+thomas+-
    mann,+churchill&source=bl&ots=JW_J26lgII&sig=_HRx80W-
    Ba8e7fxw-31mkgYkwE10&hl=de&sa=X&ved=2ahUKEwjt6LDugPT-
    cAhUJmrQKHWZJBVgQ6AEwAXoECAkQAQv=onepage&q=-
    schulversager%20steve%20jobs%2C%20thomas%20mann%2C%20
    churchill&f=false, gesehen am 17.08.2018.
44 Siehe dazu https://www.youtube.com/watch?v=J5tcCQTkrO0, gesehen
    am 16.08.2018.
45 Zusammenfassung und Übersetzung, siehe dazu ebd.
46 Siehe dazu https://www.ci-portal.de/wp-content/uploads/media_391813.
    mp3, gesehen am 10.09.2018.
47 Siehe dazu https://www.starbucks.de/responsibility, gesehen am
    19.09.2018.
48 Siehe dazu https://www.arte.tv/de/videos/073442-000-A/starbucks-
    ungefiltert/, gesehen am 18.09.2018.
49 Siehe dazu https://www.handelsdaten.de/gastronomie-catering/umsatz-
    von-starbucks-weltweit-zeitreihe, gesehen am 20.09.2018.

50 Siehe dazu http://www.faz.net/aktuell/finanzen/finanzmarkt/der-starbucks-gruender-howard-schultz-zieht-sich-zurueck-15623436.html, gesehen am 19.09.2018.

51 Siehe dazu https://www.blick.ch/news/politik/howard-schultz-64-fordert-trump-heraus-wird-der-starbucks-gruender-der-naechste-us-praesident-id8458393.html, gesehen am 21.09.2018.

52 Siehe dazu https://www.arte.tv/de/videos/073442-000-A/starbucks-ungefiltert/, gesehen am 18.09.2018.

53 Siehe dazu http://www.faz.net/aktuell/finanzen/finanzmarkt/der-starbucks-gruender-howard-schultz-zieht-sich-zurueck-15623436.html, gesehen am 19.09.2018.

54 Siehe dazu https://www.arte.tv/de/videos/073442-000-A/starbucks-ungefiltert/, gesehen am 18.09.2018.

55 Ebd.

56 Ebd.

57 Ebd.

58 Ebd.

59 Ebd.

60 Ebd.

61 Ebd.

62 Vgl. ebd.

63 Siehe dazu https://www.starbucks.de/responsibility/learn-more/fairtrade, gesehen am 19.09.2018.

64 Siehe dazu https://www.arte.tv/de/videos/073442-000-A/starbucks-ungefiltert/, gesehen am 19.09.2018.

65 Der Fall ist folgendem Buch entnommen: Reiss, Steven: Das Reiss Profile. Die 16 Lebensmotive. Welche Werte und Bedürfnisse unserem Verhalten zugrunde liegen. 2. Aufl., Offenbach 2010, S. 200 ff.

66 Siehe dazu https://de.statista.com/statistik/daten/studie/157236/umfrage/anzahl-der-reha-einrichtungen-in-deutschland-nach-traeger/, gesehen am 24.09.2018.

67 Siehe dazu https://www.homoeopathie-online.info/homoeopathie-ist-die-beste-praevention/, gesehen am 24.09.2018.

68 Siehe dazu http://www.fr.de/panorama/fitness-studie-deutschland-land-der-sportmuffel-a-363960, gesehen am 24.09.2018.

69 Ebd.

70 Siehe dazu https://www.planet-wissen.de/gesellschaft/medizin/traditionelle_chinesische_medizin/pwiediefuenfsaeulendertcm100.html, gesehen am 02.11.2018.

71 Siehe dazu https://www.homoeopathie-online.info/homoeopathie-ist-die-beste-praevention/, gesehen am 24.09.2018.

72 Ebd.

73 Siehe dazu https://www.evidero.de/ernaehrung-in-der-tcm. Gesehen am 26.09.2018.

74 Siehe dazu https://www.gruenderszene.de/karriere/gallup-engagement-index-2018, gesehen am 29.09.2018.

75 Siehe dazu den Film ‚Der Mann mit dem Fagott‘: https://www.daserste.de/unterhaltung/film/der-mann-mit-dem-fagott/index.html, gesehen am 01.11.2018.

76 Reiss, Steven, a. a. O., S. 248 f.

77 Ebd.

78 Reiss, Steven, a. a. O., S. 26 ff.

79 Siehe dazu https://www.wiwo.de/erfolg/beruf/gallup-studie-fuehrungskraefte-sind-der-wahre-produktivitaetskiller/19552634.html, gesehen am 26.09.2018.

80 Siehe dazu https://content.gallup.com/origin/gallupinc/GallupSpaces/Production/Cms/WWWV7DEDE/505_Entwicklung%20der%20Mitarbeiterbindung.mp3?utm_source=link_intdede&utm_campaign=item_183104&utm_medium=copy, gesehen am 27.09.2018.

81 Siehe dazu https://de.statista.com/themen/161/burnout-syndrom/, gesehen am 02.11.2019.

82 Schulz, Benjamin/Sänger, Martin: Unbesiegbar. Mit Vollgas in den Crash. Mittenaar-Bicken 2018.

83 Siehe dazu https://www.bitou.de/teambuilding?gclid=EAIaIQobChMI-vcW4v63o3QIVlOR3Ch0waQh5EAAYAiAAEgK29PD_BwE, gesehen am 02.10.2018.

84 Die Darstellung bezieht sich auf: https://www.planet-wissen.de/geschichte/antike/das_klassische_athen/pwiesokrates100.html, gesehen am 20.10.2018.

85 Ebd.

86 Ebd.

87 Vgl. dazu Geffroy, Edgar/Schulz, Benjamin: GoodBye, McK… & Co. Welche Berater wir zukünftig brauchen. Und welche nicht. Berlin 2015, S. 51 ff.

88 Siehe dazu http://www.enzyklo.de/Begriff/Katharsis, gesehen am 12.11.2018.

89 Siehe dazu http://www.tolkienwelt.de/mittelerde_figuren/figur_samweis-gamdschie.html, gesehen am 08.11.2018.

90 Schulz, Benjamin/Sänger, Martin: Unbesiegbar. Mit Vollgas in den Crash. Mittenaar-Bicken 2018.

91 Siehe dazu https://www.sueddeutsche.de/politik/russland-und-der-front-national-analyse-le-pens-draht-nach-moskau-1.3387671, gesehen am 16.11.2018.

92 Siehe dazu http://www.bpb.de/politik/extremismus/rechtsextremismus/253039/wie-russland-den-rechten-rand-in-europa-inspiriert, gesehen am 16.11.2018.

93 Siehe Reiss, Steven: Das Reiss Motivation Profile®. Was motiviert uns? Hrsg. von Gianella, Brunello/Gianella, Daniele/Koch, Maximilian u.a., Mittenaar-Bicken, 2013, S. 62 f.

94 Siehe dazu https://www.consulting.de/hintergruende/wissen/einzelansicht/junge-talente-mehrheit-will-nach-zwei-jahren-den-job-wechseln/seite/2/, gesehen am 12.11.2018.

95 Siehe dazu https://t3n.de/news/konzern-startup-generation-y-604776/, gesehen am 12.11.2018.

96 Siehe dazu https://www.handelsblatt.com/unternehmen/beruf-und-buero/buero-special/kampf-um-generation-y-auf-der-suche-nach-der-naechsten-challenge/14517004.html?ticket=ST-3619091-z9RH7BHPcuIqhs0OTJ7L-ap1, gesehen am 12.11.2018.

97 Vgl. dazu https://www.focus.de/finanzen/boerse/presseschau-bayer-plaene-bayer-stellenabbau-zeigt-die-monsanto-rechnung-ging-nicht-auf_id_9995027.html, gesehen am 02.12.2018.

98 Siehe dazu https://www.focus.de/auto/news/abgas-skandal/fatales-interview-im-abgas-skandal-vw-chef-mueller-sagt-wir-haben-nicht-gelogen-und-muss-jetzt-vor-den-behoerden-zittern_id_5205083.html, gesehen am 02.12.2018.

99 Siehe dazu http://www.faz.net/aktuell/wirtschaft/embedded-customers-kunden-entwickeln-die-produkte-mit-11847455.html, gesehen am 28.11.2018.

100 Vgl. https://greenspeed.de/zubehoer/was-bieten-die-beliebtesten-tesla-apps, gesehen am 02.12.2018.

101 Siehe dazu http://www.faz.net/aktuell/wirtschaft/embedded-customers-kunden-entwickeln-die-produkte-mit-11847455.html, gesehen am 02.12.2018.

102 https://www.kundenbeirat.commerzbank.de/de/kundenbeirat/kundenbeirat.html, gesehen am 02.12.2018.

103 Siehe https://www.nct-heidelberg.de/fuer-patienten/patientenbeirat.html, gesehen am 02.12.2018.

104 Vgl. dazu https://www.lean-knowledge-base.de/eine-fehlertolerante-lernkultur-fit-fuer-die-zukunft/, gesehen am 30.11.2018.

105 Vgl. https://www.pareto-prinzip.net/, gesehen am 04.12.2018.

106 Vgl. dazu https://www.lean-knowledge-base.de/eine-fehlertolerante-lernkultur-fit-fuer-die-zukunft/, gesehen am 30.11.2018.

107 Vgl. dazu https://www.companisto.com/de/blog/allgemeines/10-entrepreneure-die-vor-ihrem-erfolg-so-richtig-scheiterten-77, gesehen am 02.12.2018.

108 Vgl. ebd.

109 Vgl. dazu http://www.spiegel.de/karriere/fuckup-nights-gruender-erzaehlen-ihr-scheitern-a-989665.html, gesehen am 04.12.2018.

110 Wohlleben, Peter: Das geheime Leben der Bäume. Was sie fühlen, wie sie kommunizieren – Die Entdeckung einer verborgenen Welt. München 2015.

111 Leidhold, Wolfgang: Alles fließt, Zur Metaphysik des Werdens, Heraklit versus Parmenides, in: Jörg Martin (Hg.), Welt im Fluss, Fallstudien zum Modell der Homöostase, Stuttgart 2008, S. 43.

112 Vgl. dazu https://www.ksta.de/panorama/thomas-middelhoff-im-interview--eine-jacht-macht-nicht-gluecklicher--31267862, gesehen am 16.11.2018.

113 http://documents.swisscom.com/product/1000174-Internet/Documents/Downloadcenter/transformation-geschaeftsprozesse-de.pdf, gesehen am 21.11.2018.

114 Schüller, Anne M.: Das Touch-Point-Unternehmen. Mitarbeiterführung in unserer neuen Businesswelt. Offenbach 2014, S. 46 f.

115 Vgl. dazu Buhr, Andreas/Feltes, Florian, a. a. O.

116 Schüller, Anne M., a. a. O., S. 19.

117 Siehe dazu https://www.sueddeutsche.de/auto/verkehr-in-der-smart-city-moderne-staedte-muessen-sich-dem-intelligenztest-stellen-1.3854642, gesehen am 25.11.2018.

118 Siehe dazu https://karrierebibel.de/gender-gap/ Gender-Gap-Frauen-machen-Teams-besser, gesehen am 26.11.2018. sowie http://www.frauen-in-karriere.de/wp-content/uploads/2017/01/Handlungsbrosch%C3%BCre_Frauen-in-der-digitalen-Arbeitswelt-von-morgen.pdf, S. 8, gesehen am 26.11.2018.

119 Siehe https://www.capital.de/karriere/eine-prise-arroganz-fuer-frauen, gesehen am 26.11.2018.

120 Siehe dazu https://www.zoe-online.org/meldungen/ist-die-hierarchie-noch-zeitgemaess/ gesehen am 25.11.2018.

121 Siehe dazu https://www.zeit.de/karriere/2017-03/flache-hierarchien-unternehmen-mitarbeiter-studie, gesehen am 26.11.2018.

122 Siehe dazu https://www.wiwo.de/erfolg/management/digitalisierung-der-alte-fuehrungstyp-hat-ausgedient/21235074.html, gesehen am 26.11.2018.

123 Buhr, Andreas/Feltes, Florian, a. a. O., S. 48 f.

124 https://desktop.12app.ch/articles/23673501, gesehen am 24.11.2018.

125 Siehe dazu https://www.geo.de/magazine/geo-magazin/13366-rtkl-wie-das-wissen-den-kopf-kommt, gesehen am 25.11.2018.

126 Siehe dazu https://www.dasgehirn.info/denken/gedaechtnis/erinnern-mit-gefuehl , gesehen am 26.11.2018.

127 Vgl. dazu http://studienseminar.rlp.de/fileadmin/user_upload/studienseminar.rlp.de/gy-ko/Altenkirchen/Downloadbereich/

Pflichtmodule/C_Paedagogische_Woche/C_2.3.2.pdf, gesehen am 27.11.2018.

128 Siehe dazu https://de.slideshare.net/uweguntervonpritzbuer/das-duett-von-emotio-und-ratio, gesehen am 12.12.2018.

129 Siehe dazu https://www.geo.de/magazine/geo-magazin/13366-rtkl-wie-das-wissen-den-kopf-kommt, gesehen am 26.11.2018.

130 Der folgende Text wurde in großen Teilen von dieser Webseite entnommen: https://www.fernsehserien.de/der-grosse-bellheim, gesehen am 26.11.2018.

131 Vgl. dazu https://www.planet-wissen.de/geschichte/mittelalter/ritter/pwieruestungundausruestung100.html, gesehen am 06.12.2018.

132 Siehe https://www.koeln.de/tourismus/das-koelner-wappen_1022997.html, gesehen am 06.12.2018.

133 Vgl. dazu https://thema.erzbistum-koeln.de/heilige/heilige-ursula/Legende/, gesehen am 06.12.2018.

134 Vgl. dazu https://www.stern.de/kultur/film/-the-social-network--im-kino-die-geschichte-vom-genialen-arschloch-zuckerberg-3528798.html, gesehen am 08.12. 2018.

135 Siehe dazu https://www.zeit.de/kultur/film/2010-09/the-social-network, gesehen am 08.12.2018.

136 Ebd.

137 https://www.youtube.com/watch?v=lB95KLmpLR4, gesehen am 08.12.2018.

138 Ebd.

139 Ebd.

140 Vgl. dazu http://www.taz.de/!252852/, gesehen am 09.12.2018.

141 https://www.youtube.com/watch?v=lB95KLmpLR4, gesehen am 09.12.2018.

142 Ebd.

143 Siehe https://www.zeit.de/zeit-wissen/2013/04/kunst-scheitern-fehler-machen, gesehen am 09.12.2018.

144 Ebd.

145 Buhr, Andreas/Feltes, Florian, a.a.O., S. 44.

146 Ebd., S. 46.

147 Siehe https://www.zollverein.de/, gesehen am 10.12.2018.

148 Siehe dazu https://www.kh-pflug.de/zitate.html, gesehen am 10.12.2018.

Die Autoren

Benjamin Schulz ist Sparringspartner und Troubleshooter in strategischen Fragen für einflussreiche Persönlichkeiten, Topmanagement, Inhaber und Companies. Als Geschäftsführer von Ben Schulz & Consultants GmbH, sowie der Medienagentur werdewelt GmbH, begleitet er seit vielen Jahren Firmen, Institute, Executives und Persönlichkeiten im deutschsprachigen Raum zu den Themen Strategie, Positionierung, Identität und Marke.

Brunello Gianella ist Change Agent und Sparringspartner für mittelständische Unternehmen und Führungskräfte in Konzernen. Er begleitet seit 40 Jahren Veränderungsprozesse. Als Senior Partner bei Reiss Motivation Profile® germany, swiss und italy unterstützt er Unternehmen und deren Führungskräfte in Change Management-Prozessen.